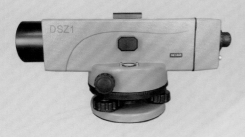

苏光 DSZ1 光学水准仪

南方 DL-2003 电子水准仪

苏光 DJ2 光学经纬仪

DJ2 数字经纬仪

徕卡 TS15 全站仪

南方 NST-362R U 盘全站仪

南方 NTS-A11R10S 安卓全站仪

南方 NTS-582R 超站仪

全站仪测量

光学水准仪读数

RTK 数据采集

高等职业教育交通运输与土建类专业"十四五"规划教材

工程测量基础
（第二版）

刘祖军　梁　斌◎主　编
何江斌　陈德绍　朱茂栋◎副主编
魏连峰◎主　审

中国铁道出版社有限公司

2024年·北　京

内 容 简 介

本书以工程测量的基础知识和基本操作技能为主,内容主要包括水准测量、角度测量、距离测量、直线定向、小区域控制测量、数字测图等,并通过对水准仪、经纬仪、全站仪、GNSS 等测量常用仪器的构造及基本操作进行详细阐述,以达到易学易通的目的。书中对常用测量项目的基本操作均附有微课、视频等可视化资料,方便读者更快捷掌握基本操作技能。

本书适合作为高等职业教育铁道工程技术、高速铁道工程技术、高速铁路综合维修技术、城市轨道交通工程技术、铁路桥梁与隧道工程技术、道路桥梁工程技术、建筑工程技术等专业的教学用书,也可作为从事工程测量工作相关专业技术人员的岗前培训与自学参考用书。

图书在版编目(CIP)数据

工程测量基础/刘祖军,梁斌主编 . —2 版 . —北京:中国
铁道出版社有限公司,2021.8(2024.8 重印)
高等职业教育交通运输与土建类专业"十四五"规划教材
ISBN 978-7-113-28031-4

Ⅰ.①工… Ⅱ.①刘… ②梁… Ⅲ.①工程测量-高等职业
教育-教材 Ⅳ.①TB22

中国版本图书馆 CIP 数据核字(2021)第 108086 号

书　　　名:**工程测量基础**
作　　　者:刘祖军　梁　斌

责任编辑:李露露　　　　　　编辑部电话:(010)51873240　　　电子邮箱:790970739@qq.com
封面设计:尚明龙
责任校对:焦桂荣
责任印制:樊启鹏

出版发行:中国铁道出版社有限公司(北京市西城区右安门西街 8 号,邮政编码 100054)
网　　　址:http://www.tdpress.com
印　　　刷:三河市兴博印务有限公司
版　　　次:2016 年 1 月第 1 版　2021 年 8 月第 2 版　2024 年 8 月第 4 次印刷
开　　　本:787 mm×1 092 mm 1/16　印张:12.75　插页:1　字数:311 千
书　　　号:ISBN 978-7-113-28031-4
定　　　价:39.80 元

第二版前言

《工程测量基础》第一版自 2016 年 1 月出版以来，工程测量技术日新月异，《工程测量标准》(GB 50026—2020)《铁路工程测量规范》(TB 10101—2018)等规范及标准相继颁布实施，同时"互联网＋"也迅猛发展，故需对本教材进行修订。教材对照新规范相关内容进行修订；在原有内容上加大了全站仪测量技术的篇幅；在原有 GPS 测量技术的基础上进行修改，形成了新的 GNSS 测量技术内容；本次修订还增加了微课、视频等资源，方便学习者利用互联网进行学习。

本书在理论方面坚持"适用"原则，基本概念和理论力求简明扼要；在实践方面坚持"实用"原则，内容设置和安排注重学生职业能力的培养。

本书主要阐述了水准测量、角度测量、距离测量、直线定向、全站仪测量技术、GNSS 测量技术、控制测量以及地形图测量等内容，同时文中配有 15 个技能训练，章节后附有对应的小结、思考题和测试题，学生可通过相应的训练，进一步增强对所学知识的掌握和应用。

本书由柳州铁道职业技术学院刘祖军、梁斌任主编，柳州铁道职业技术学院何江斌、陈德绍和广州南方高速铁路测量技术有限公司朱茂栋任副主编，南京铁道职业技术学院魏连峰任主审。参与本书编写的有：柳州铁道职业技术学院陈琰、罗荣海、杨美玲、沈杰、郭程方、朱勇、张钊、刘昕业、常罗、王成林，广州铁路职业技术学院郭咏辉，广东交通职业技术学院张向东，广西自然资源职业技术学院罗斯琪，广西铁路投资集团廖磊毅，中铁二十五局四公司陈定武，中国铁路南宁局集团桂林高铁工务段苏晓菲，广西沿海铁路公司蒋航等。郭咏辉、杨美玲（绪论），陈德绍、梁斌、周海娟（第 1 章），何江斌、张向东、廖磊毅（第 2 章），罗荣海、郭程方、张钊（第 3 章），陈德绍、陈琰、沈杰（第 4 章），刘祖军、朱茂栋、陈定武（第 5 章），朱茂栋、刘祖军、常罗（第 6 章），梁斌、罗斯琪、王成林（第 7 章），刘祖军、朱勇、刘昕业（第 8 章），苏晓菲、蒋航协助编写第 3～6 章。

本书编写过程中参考了大量的文献资料，由于参考的文献资料较多，只能将其中主要的参考文献列于书后，在此谨向所有文献资料的作者表示衷心的感谢和敬意。

由于编者水平有限，书中难免存在疏漏和不妥之处，敬请广大读者批评指正。

编　者
2021 年 6 月

第一版前言

本教材依据"三阶递进"培养"准测量工程师"的课题研究与实践,基于现场测量岗位设置与职业生涯职务晋升,以职业标准中包括的素养、知识、技能要求为依据,将现场测量人员的不同层次岗位要求纳入"三阶递进"各阶段的教学环节。本教材是工程测量基础阶段的教学用书,为学生提供未来可能从事的初级测量工、测量员职业有关的知识、技能和职业素养,既有反复练习,又有提高训练,既有基础技能练习,又有专业技能训练,最终实现测量技能的阶梯式提升,有利于高职学生岗位职业能力的逐步形成。

本教材理论方面坚持"适用"原则,基本概念和理论力求简明扼要;实践方面坚持"实用"原则,内容设置和安排注重学生职业能力的培养。

本书包括绪论和七章内容,其中七章内容主要阐述了水准测量、角度测量、距离测量、直线定向、GPS 测量技术、控制测量以及地形图测量等内容,同时文中配有 16 个技能训练,章节后附有对应的小结、思考题和测试题,学生可通过相应的训练,进一步增强对所学知识的掌握和应用。

本书由柳州铁道职业技术学院梁斌、刘祖军任主编,柳州铁道职业技术学院熊辉、罗斯琪和广州铁路职业技术学院郭咏辉任副主编,南京铁道职业技术学院魏连峰任主审。参与本书编写的有:柳州铁道职业技术学院何江斌、沈杰、陈琰、罗荣海、杨美玲、陈德绍、郭程方、张永帅,广州铁路职业技术学院郭咏辉,广东交通职业技术学院张向东,广州南方测绘集团公司朱茂栋,广西铁路投资集团廖磊毅,中铁二十五局四公司罗亮江,中铁二十五局六公司周海娟,南宁铁路局桂林工务段苏晓菲,广西沿海铁路公司蒋航等。郭咏辉、杨美玲负责绪论的编写,罗斯琪、梁斌、周海娟负责第 1 章的编写,罗斯琪、张向东、廖磊毅负责第 2 章的编写,罗荣海、熊辉、张永帅负责第 3 章的编写,罗荣海、熊辉、沈杰负责第 4 章的编写,刘祖军、朱茂栋、罗亮江负责第 5 章的编写,刘祖军、郭咏辉、陈琰负责第 6 章的编写,梁斌、何江斌、陈德绍负责第 7 章的编写,郭程方、张永帅、苏晓菲、蒋航协助第 3~6 章的编写。

　　本书编写过程中参考了大量的文献资料，由于参考的文献资料较多，只能将其中主要的参考文献列于书后，在此谨向所有文献资料的作者表示衷心的感谢和敬意。

　　由于编者水平有限，书中难免存在疏漏和不妥之处，敬请广大读者批评指正。

编　者

2015 年 10 月

目录

MU LU

绪　　论

工程测量贯穿于整个施工过程。从施工场地的平整到交通工程导线、水准联测、中边线放样、桥隧等构筑物的轴线定位，从基础工程施工、桥梁下部构造到桥梁上部构造的安装和桥梁桥面的施工等，都要进行定位测量。只有这样，才能使工程结构或建筑物各部分的尺寸、位置和高程符合设计要求。

从事交通工程勘测与施工的测量技术人员，必须掌握必要的基本知识、技能和方法。本部分主要介绍现代测量学的基本发展现状和任务，地面点位的确定方法和测量原理，测量误差的来源和分类以及测量精度高低的评定等内容。

0.1　测量的基本知识

测量学也称测绘学，是研究地球的形状、大小以及确定地面点之间相对空间位置的科学。它的内容包括测定和测设两个部分。

1. 绪论

测定又称测图，是指使用测量仪器和工具，通过测量和计算，得到一系列的测量数据，并按照一定的测量程序和方法将地面上地物和地貌的位置缩绘成地形图，以供工程建设的规划、设计、管理和科学研究使用。

测设也称放样，是指使用测量仪器和工具，按照设计要求，采用一定的方法将设计图纸上设计好的建筑物、构筑物的位置标定到实地，作为工程施工的依据。

0.1.1　测量学的分支学科

测量学应用范围很广泛，测量对象由地球表面到空间星球，由静态发展到动态，按照研究范围和对象的不同，可分为以下几个分支学科。

大地测量学：研究地球的大小、形状、地球重力场以及建立国家大地控制网的学科。现代大地测量学已进入以空间大地测量为主的领域，可提供高精度、高分辨率、适时、动态的定量空间信息，是研究地壳运动与形变、地球动力学、海平面变化、地质灾害预测等的重要手段之一。

摄影测量学：利用摄影或遥感技术获取被测物体的影像或数字信息，进行分析、处理后以确定物体的形状、大小和空间位置，并判断其性质的学科。按获取影像的方式不同，摄影测量学又分水下、地面、航空摄影和航天遥感等测量学。

海洋测量学：以海洋和陆地水域为对象，研究港口、码头、航道、水下地形的测量以及海图绘制的理论、技术和方法的学科。

地图制图学：研究各种地图的制作理论、原理、工艺技术和应用的学科。其主要内容包括地图的编制、投影、整饰和印刷等。自动化、电子化、系统化已成为其主要发展方向。

工程测量学：研究各类工程在规划、勘测设计、施工、竣工验收和运营管理等各阶段的测量理论、技术和方法的学科。其主要内容包括控制测量、地形测量、施工测量、安装测量、竣工测量、变形观测、跟踪监测等。

此外，测绘仪器学和地籍测量学等也是测绘学科的重要分支。

0.1.2　工程测量的任务

工程测量学是测量学科中的一门分支学科，是研究工程建设和自然资源开发各个阶段中所进行的控制测量、地形测绘、施工放样、变形监测及建立相应信息系统的理论和技术的学科。工程测量直接为各项工程建设服务。工业与民用建筑、城镇建设道路、桥梁、给排水管线等任何土建工程，从勘测、规划、设计到施工阶段，甚至在使用管理阶段，都需要进行测量工作。

工程测量的主要任务有测定、测设和监测。测定是把地面上的情况描绘到图纸上，为设计和规划提供资料。测设是把图纸上设计的建筑物和构筑物标定到地面上，为施工提供依据。监测是对建筑物施工过程和竣工后所产生的各种变形进行观测。

职业贴士

交通工程测量属于工程测量学的范畴，是工程测量学在交通工程建设领域中的具体表现。它主要包括勘察设计、施工建设和变形观测等阶段所进行的各种测量工作。

交通工程测量是交通工程施工中一项非常重要的工作，贯穿于建设工作的始终，在交通工程工程建设各个阶段都要进行测量工作。交通工程测量在交通工程建设的各个阶段的工作任务如下：

（1）测绘大比例地形图。在工程勘测阶段，测绘地形图为规划设计提供各种比例尺地形图和测绘资料；在工程设计阶段，应用地形图进行总体规划和设计。

（2）施工放样。在工程施工阶段，要将图纸上设计好的建筑物、构筑物的平面位置和高程按设计要求测设于实地，以此作为施工的依据；在施工过程中还要进行土方开挖、基础和主体工程的施工测量；同时，在施工中还要经常对施工和安装工作进行检验、校核，以保证所建工程符合设计要求；施工竣工后，还要进行竣工测量，施测竣工图，以供日后改建和维修之用。

（3）变形观测。对建筑和构筑物进行变形观测，以保证工程的安全使用。

0.1.3　测量学的起源与发展现状

1. 我国古代测量学的发展

测绘科学的起源可追溯到原始社会，是人类最早创造的科学体系之一。

我国两千多年前的夏商时代，为了治水开始了水利工程测量工作。司马迁在《史记》中对夏禹治水有这样的描述："陆行乘车，水行乘船，泥行乘橇，山行乘樏，左准绳，右规矩，载四时，以开九州，通九道，陂九泽，度九山。"所记录的是当时的工程勘测情景，准绳和规矩就是当时所用的测量工具，准是古代用的水准器，绳是丈量距离的工具，规是画圆的器具，矩则是一种可定平、测长度、高度、深度和画圆画矩形的通用测量仪器。战国时期李冰父子领导修建的都江堰水利枢纽工程，曾用一个石头人来标定水位，当水位超过石头人的肩时，下游将受到洪水的威胁；当水位低于石头人的脚背时，下游将出现干旱。这种标定水位的办法与现代水位测量的原理完全一样。

　　1973年从长沙马王堆汉墓出土的地图包括地形图、驻军图和城邑图三种,如图0.1所示。不仅表示的内容相当丰富,绘制技术也非常熟练,在颜色使用、符号设计、内容分类和简化等方面都达到了很高水平,是目前世界上发现最早的地图,这与当时发达的测绘术是分不开的。

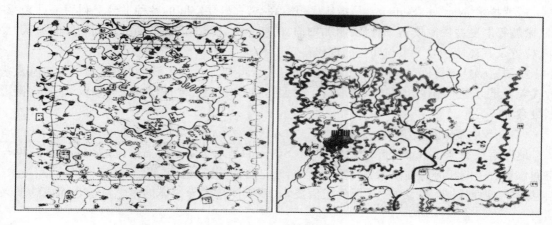

图0.1　地形图

　　2. 国外测量学的发展

　　17世纪望远镜的发明和应用对测量技术的发展起到了很大的促进作用,奠定了近代测绘的物质基础,引领了测绘科学的第一次革命。1730年英国的西森制成第一台经纬仪、三角测量方法的创立等对进一步研究地球的形状和大小以及测绘地形图都起了重要的作用,同时在测量理论方面也有不少创新,如高斯的最小二乘法理论和横圆柱投影理论就是其中的重要例证,一直使用至今。

　　3. 3S技术发展概况

　　(1)GPS全球定位系统

　　GPS全球定位系统(Global Positioning System)是美国国防部为满足其军事部门海、陆、空高精度导航、定位和定时的要求而建立的一种卫星定位和导航系统。它由24颗工作卫星组成,其中包括3颗可随时启动的备用卫星,如图0.2所示。工作卫星均匀分布在6个相对于赤道面倾角为55°的近似圆形轨道面内,每个轨道面上有4颗卫星,轨道之间的夹角为60°,轨道平均高度为20 200 km,卫星运行周期为11小时58分钟。同时在地平线以上的卫星数目随时间和地点而异,最少为4颗,最多时达11颗。保证在地球任一点任一时刻均可收到4颗以上卫星的信息,实现实时定位。

2. 2020年珠峰测高

图0.2　全球卫星导航系统工作示意图

　　我国GPS技术研究和应用可分为两个阶段,第一阶段是20世纪80年代,以测绘领域的应用为主,引进GPS技术和接收机,开发GPS测量数据处理软件,以静态定位为主,现在全国施测几千个各种精度的GPS点,其中包括:国家A、B级网点。第二阶段是进入20世纪90年代，随着差分 GPS 技术的发展，GPS 定位从静态扩展到动态，从事后处理扩展到实时或准实时定位和导航。

（2）RS 遥感技术

遥感技术（Remote Sensing）是指从远距离高空，在外层空间的各种平台上利用可见光、红外、微波等电磁波探测仪器，通过摄影和扫描、信息感应、传输和处理，研究地面物体的形状、大小、位置及其环境相互关系与变化的现代科学技术。

我国遥感技术发展已从单纯的应用国外卫星资料到发射自主设计的遥感卫星，如风云系列气象卫星。遥感图像处理技术也取得了很大发展，如机载 224 波段成像光谱仪、全数字摄影测量系统等。

（3）GIS 地理信息系统

地理信息系统（Geographic Information System）是采集、存储、描述、检索、分析和应用与空间位置有关的相应属性信息的计算机系统，它是集计算机、地理、测绘、环境科学、空间技术、信息科学、管理科学、网络技术、现代通信技术、多媒体技术为一体的多学科综合而成的新兴学科。

随着"3S"技术（地理信息系统技术 GIS、全球卫星定位技术 GPS、遥感技术 RS）以及多学科技术的不断渗透与融合，传统的工程测量从为土木工程建设和工业设备安装等施工服务的较为单一的测绘技术，发展到当前面向经济建设和城市现代化建设的测绘学科。现代工程测量辐射范围广阔、涉及领域广，对国家或区域大型工程建设项目以及城市规划、建设和管理，都提供了全过程、全方位的测绘服务保障。当今测绘科学技术快速发展，已经实现了从模拟测绘时代向数字化测绘时代的跨越，正积极朝向信息化测绘时代迈进，现代工程测量学科也在不断实施技术进步，在更广、更深的层面上为社会经济发展与建设提供及时、适用、可靠的测绘服务保障。

0.2　测量工作的基本原则和内容

测量工作的实质是确定地面点的位置，点的位置以坐标 x,y 和高程以 H 表示。实际工作中，通常不是直接测出地面各点的坐标和高程，而是测出它们的水平角 β、水平距离 D 以及各点之间的高差。再根据控制点的坐标、方向和高程，推算出其坐标和高程，以确定它们的点位。水平角、水平距离、高程及方位角称为确定点位的要素。

0.2.1　测量工作基本原则

地球表面是复杂多样的，这些复杂多样的形态可分为地物和地貌两类。地物是指地面上天然和人工形成的物体，它包括湖泊、河流、海洋、房屋、道路、桥梁等。地貌是指地表高低起伏的形态，它包括山地、丘陵和平原等。地物和地貌总称为地形。

测量工作的主要目的是确定地面点的坐标和高程。在实际测量过程中，无论是测绘地形图还是施工放样，都不可避免地会产生误差，会导致前一点的误差传递到下一点，这样累积起来，可能会使误差达到不可容许的程度。为了限制误差的累积传递，保证测区内一系列点位之间具有必要的精度，测量工作都必须遵循"从整体到局部、先控制后碎部、由高级到低级"的原则进行。

如图 0.3 所示，要在 A 点测绘出测区内所有的地物和地貌是不可能的，在 A 点只能观测它附近的地物和地貌,对位于远处的地物和山背后的地貌是观测不到的,因此,就需要在若干点上分区观测,最后才拼成一幅完整的地形图。在实际测量中,首先在整个测区内,选择若干个起着整体控制作用的点 $A,B,C,\cdots$ 作为控制点,用较精密的仪器和方法,精确地测定各控制点的平面位置和高程位置的工作称为控制测量。这些控制点测量精度高,且均匀分布在整个测区。因此,控制测量是高精度的测量,也是全局性的测量。以控制点为依据,用低一级精度测定其周围局部范围内的地物和地貌特征点,称为碎部测量。这样不但可以减少误差的积累和传递,而且还可以在几个控制点上同时进行测量工作,既加快了测量的进度、缩短了工期,又节约了开支。

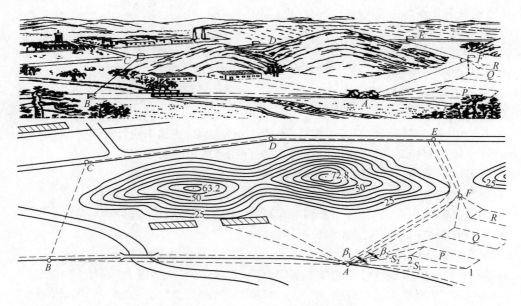

图 0.3　某测区地物地貌透视图与地形图

整个测量工作有外业和内业之分,使用测量仪器和工具的测量工作称为外业。将外业成果进行整理、计算、绘制成图的工作,称为内业。

为了防止出现错误,无论在外业或内业工作中,都必须严格执行另一个基本原则——“边工作边校核”,即“逐步检查”原则。在实践操作与计算中都必须步步校核,校核已进行的工作有无错误。一旦发现错误或达不到精度要求,必须找出原因或返工重测,以保证各个环节的可靠性。

0.2.2　测量工作基本内容

如前所述,地面点的空间位置是以地面点在投影平面上的坐标 z、y 和高程 H 决定的。在实际的测量中,z、y 和 H 的值不能直接测定,而是通过测定水平角 β,水平距离 D,以及各点间的高差 h,再根据已知点 A 的坐标、高程和 AB 边的方位角计算出 B、C、D、E 各点的坐标和高程(图 0.4)。

由此可见,水平距离、水平角和高程是确定地面点位的三个基本要素。水平距离测量、水平角测量和高差测量就是测量的三项基本工作。

0.2.3　测量的基本工作要求

1. 工程测量工作的要求

测量工作的速度和质量直接影响工程建设的速度和质量。它是一项非常细致的工作，稍有不慎就会影响工程进度甚至返工浪费。因此，要求工程测量人员必须做到以下几点：

（1）树立为工程建设服务的思想，具有对工作负责的精神，坚持严肃认真的科学态度。做到测、算工作步步有校核，确保测量成果的精度。

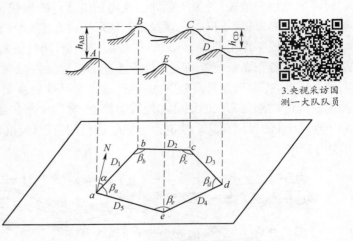

3.央视采访国测一大队队员

图 0.4　测量的基本内容

（2）养成不畏劳苦和细致的工作作风，不论是外业观测，还是内业计算，一定要按现行规范规定作业，坚持精度标准，严守岗位责任制，以确保测量成果的质量。

（3）培养团队精神，各成员之间互学互助，默契配合。

（4）要爱护测量工具，正确使用仪器，并要定期维护和校验仪器。

（5）要认真做好测量记录工作，做到内容真实、原始，书写清楚、整洁。

（6）要做好测量标志的设置和保护工作。

2. 本课程学习要求

工程测量是一门实践性较强的技术基础课程，要求达到"一知四会"的基本要求。

（1）知原理：对测量的基本理论、基本原理要切实知晓并清楚。

（2）会用仪器：正确、熟练使用水准仪、经纬仪、钢尺和全站仪等。

（3）会测量方法：掌握测量操作技能和方法。

（4）会识图用图：能识读地形图并掌握地形图的应用。

（5）会施工测量：能掌握施工测量的基本技术和基本方法，即放样。

0.3　测量误差的基本知识

4.测量误差理论

测量工作的实践表明，对某一客观存在的量，如地面两点之间的距离或高差，尽管采用了合理的观测方法和合格的仪器，且观测人员的观测态度是认真负责的，但多次重复测量的结果总是有差异，这种在反复观测过程中反映出来的差异就是测量误差，而且测量误差是不能避免的。

0.3.1　测量误差的概念

由于受到多种因素的影响，在对同一对象进行多次观测时，每次的观测结果总是不完全一致或与预期目标（真值）不一致。之所以产生这种现象，是因为在观测结果中始终存在测量误差的缘故。这种观测值之间的差值或观测值与真值之间的差值，称为测量误差（亦称观测误差）。

用 l 代表观测值，X 代表真值，则

$$\Delta = l - X \tag{0.1}$$

式中　Δ——测量误差，通常称为真误差，简称误差。

0.3.2　测量误差的来源

1. 观测误差

由于观测者视觉鉴别能力有一定的局限，所以在仪器安装和使用过程中都会产生误差，如整平误差、照准误差、读数误差等。同时，观测者的工作态度和技术水平等都对观测值的结果有直接影响。

2. 仪器误差

测量仪器、工具只具有一定限度的精密度，如在用只刻有厘米的普通水准尺进行水准测量时，就难以保证读的毫米值完全准确。同时，由于仪器制造和校正不可能完全完善，就会影响观测精度，使观测结果产生误差。

3. 外界环境的影响

在观测过程中由于外界条件，如温度、湿度、风力、大气折光等，都会随时发生变化，必然给观测值带来误差。

上述三个方面通常称为观测条件。观测条件相同的各次观测，称为等精度观测，否则称为非等精度观测。观测成果的精度与观测条件有着密切的关系，观测条件好时，观测成果精度就高；观测条件差时，观测成果精度就低。

在测量中人们总希望每次观测所出现的测量误差越小越好，甚至趋近于零。但要真正做到这一点，就要使用极其精密的仪器，采用十分严密的观测方法，付出很高的代价。然而，在实际生产中，根据不同的测量目的，是允许在测量结果中含有一定程度的测量误差的。因此，测量的目标并不是简单地使测量误差越小越好，而是要设法将误差限制在与测量目的相适应的范围内。

0.3.3　观测的分类

1. 按所必须的观测数分类

按所必须观测数分为必要观测和多余观测。

为了求得未知量之值所必须进行的观测称为必要观测；超出必要观测之外的观测称为多余观测。从误差理论观点来看，多余观测目的是为了检验观测成果的正确性，防止错误的发生和提高观测成果的质量，因此，多余观测在测量中是必要的。

举例：在一段距离上采用往返丈量，如果往测属于必要观测，则返测就属于多余观测；对一个水平角度观测了 6 个测回，如果第 1 测回属于必要观测，则其余 5 个测回就属于多余观测。有了多余观测，就可以很容易发现观测中的错误，以便将其剔除或重测。

2. 按观测时的条件分类

按观测时的条件分为等精度观测和非等精度观测。

在同一外界条件下，用相同精度的仪器、相同的观测方法和观测次数、相同的观测者（以上统称为观测条件）所完成的观测，称为等精度观测。

在上述条件中只要有一项不相同，则称为非等精度观测。

0.3.4　测量误差的分类

测量误差按其性质可以分为系统误差和偶然误差两类。

1. 系统误差

定义：在一定的观测条件下进行一系列观测时，符号和大小保持不变或按一定规律变化的误差，称为系统误差。

举例：用名义长度为 30.000 m 而实际正确长度为 30.005 m 的钢卷尺量距，每量一尺段就有±0.005 m 的误差，其量具误差的影响符号不变，且与所量距离的长度成正比。

特点：一是系统误差在观测成果中具有累积性；二是系统误差对观测值的影响具有规律性，这种规律性是可以通过一定的方法找到的。换句话说，系统误差可以通过一定的测量措施消除或减弱。

 职业贴士

在测量工作中，应尽量设法消除和减小系统误差。在观测方法和观测程序上采用必要措施，可以限制或削弱系统误差的影响。例如，水准测量时，采用前、后视距相等的对称观测；经纬仪测角时，采用盘左、盘右两个观测值取平均值的方法等。

2. 偶然误差

定义：在一定的观测条件下进行一系列观测，如果观测误差的大小和符号均呈现偶然性，即从表面现象看，误差的大小和符号没有规律性，这样的误差称为偶然误差。

举例：在用厘米分划皮尺量距估读毫米位时，有时估读稍大，有时稍小。

特点：一是偶然误差具有抵偿性，对测量结果影响不大；二是偶然误差是不可避免的，并且是消除不了的，但应加以限制。一般采用多次观测取其平均值，可以抵消一些偶然误差。

一般来说，在观测中，偶然误差和系统误差是同时发生的。前面已论述过，系统误差在一般情况下可以采取适当方法加以消除或减弱，使其减弱到与偶然误差相比处于次要地位，这样在观测结果中可以认为只存在偶然误差。因此，我们所讨论的测量误差主要是指偶然误差。

0.3.5　评定精度的标准

为了衡量观测结果的精度高低，必须建立衡量精度的统一标准。有了标准才能进行比较。在测量工作中通常用中误差、容许误差和相对误差作为衡量精度的标准。

1. 中误差

设在相同的观测条件下，对某量（其真值为 X）进行 n 次重复观测，其观测值为 $L_1, L_2, \cdots, L_n$，由式（0.1）可得相应的真误差（观测值与真值的差值）为 $\Delta_1, \Delta_2, \cdots, \Delta_n$。为了防止正负误差互相抵消和避免明显地反映个别较大误差的影响，取各真误差平方和的平均值的平方根，作为该组各观测值的中误差（或称为均方误差），以 m 表示。

$$m = \pm \sqrt{\frac{[\Delta\Delta]}{n}} \tag{0.2}$$

式中　$[\Delta\Delta]$——真误差的平方和，$[\Delta\Delta] = \Delta_1^2 + \Delta_2^2 + \cdots + \Delta_n^2$，$n$ 为观测次数。

从式（0.2）可以看出中误差与真误差的关系，中误差不等于真误差，它是一组真误差的代

表值,中误差 m 值的大小反映了这组观测值精度的高低,而且它能明显反映出测量结果中较大误差的影响。因此,测量中一般采用中误差作为评定观测质量的标准。

2. 容许误差

在一定观测条件下,偶然误差的绝对值不应超过允许的限值,称为容许误差,也称极限误差。在现行规范中,为了严格要求,确保测量成果质量,常以两倍或三倍中误差作为偶然误差的容许误差或限差。

在实际测量工作中,通常以三倍中误差作为偶然误差的容许误差,即

$$\Delta_容 = 3m \tag{0.3}$$

当要求严格时,也可以取两倍的中误差作为容许误差,即 $\Delta_容 = 2m$。

3. 相对误差

中误差是绝对误差。在衡量观测值精度的时候,单纯用绝对误差有时还不能完全表达精度的高低。

例如,分别测量了长度为 100 m 和 200 m 的两段距离,中误差皆为 ± 0.02 m。显然不能认为两段距离测量精度相同。此时,为了客观地反映实际精度,必须引入相对误差的概念。

相对误差 K 是中误差 m 的绝对值与相应观测值 D 的比值。它是一个不名数,常用分子为 1 的分式表示。

$$K = \frac{|m|}{D} = \frac{1}{D/|m|} \tag{0.4}$$

当 m 为中误差时,K 称为相对中误差。在上述例中用相对误差来衡量,就可容易地看出后者比前者精度高。

在距离测量中还常用往返观测值的相对较差来进行检核。相对较差定义为

$$\frac{D_往 - D_返}{D_{平均}} = \frac{\Delta D}{D_{平均}} = \frac{1}{\dfrac{D_{平均}}{\Delta D}} \tag{0.5}$$

测量工作中,相对较差是真误差的相对误差,它反映的只是往返测量的符合程度。显然,相对较差愈小,观测结果愈可靠。特别注意,用经纬仪测角时,不能用相对误差来衡量测角精度,因为测角误差与角度大小无关。

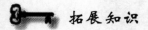

先进测量仪器简介

1. 测量机器人

测量机器人又称自动全站仪,是一种集自动目标识别、自动照准、自动测角与测距、自动目标跟踪、自动记录于一体的测量平台(图 0.5 和图 0.6)。它的技术组成包括坐标系统、操纵器、换能器、计算机和控制器、闭路控制传感器、决定制作、目标捕获和集成传感器等八大部分。

坐标系统为球面坐标系统，望远镜能绕仪器的纵轴和横轴旋转，在水平面 360°、竖面 180° 范围内寻找目标；操纵器的作用是控制机器人的转动；换能器可将电能转化为机械能以驱动步进马达运动；计算机和控制器的功能是从设计开始到终止操纵系统、存储观测数据并与其他系统接口，控制方式多采用连续路径或点到点的伺服控制系统；闭路控制传感器将反馈信号传送给操纵器和控制器，以进行跟踪测量或精密定位；决定制作主要用于发现目标，如采用模拟人识别图像的方法（称试探分析）或对目标局部特征分析的方法（称句法分析）进行影像匹配；目标获取用于精确地照准目标，常采用开窗法、阈值法、区域分割法、回光信号最强法以及方形螺旋式扫描法等；集成传感器包括采用距离、角度、温度、气压等传感器获取各种观测值。由影像传感器构成的视频成像系统通过影像生成、影像获取和影像处理，在计算机和控制器的操纵下实现自动跟踪和精确照准目标，从而获取物体或物体某部分的长度、厚度、宽度、方位、二维和三维坐标等信息，进而得到物体的形态及其随时间的变化。

测量机器人还为用户提供了一个二次开发平台，利用该平台开发的软件可以直接在全站仪上运行。利用计算机软件实现测量过程、数据记录、数据处理和报表输出的自动化，从而在一定程度上实现了监测自动化和一体化。

测量机器人主要应用于精密工程测量、机械引导及各类监测，广泛用于精密控制测量，高速公路与铁路施工、安装测量，铁路轨道检测测量，工业设计测量，科学实验特种精密工程、隧道桥梁等大型工程精密测量，大坝等大型建筑物与构筑物变形监测，矿山测量，煤矿高边坡监测，滑坡体监测，工业与民用建筑施工测量，地质勘测，水利水电测量，城市规划测量等。

图 0.5　徕卡自动全站仪

图 0.6　天宝自动全站仪

2. 超站仪

超站仪是新一代的测量仪器产品，是将电子全站仪（TPS）和全球定位系统（GPS）集成的超站式集成测绘系统，既有全球定位系统的功能，又有全站仪的功能，是一种超级全站仪或超级全球定位系统。该系统实现的无加密控制的即用即测作业模式，是对传统测绘模式的革命性改造（图 0.7 和图 0.8）。

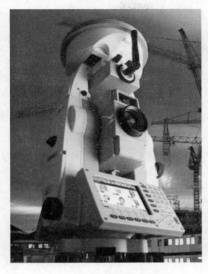

图 0.7　超站仪主机　　　　　　　　　图 0.8　超站仪及配套

（1）超站仪的特点

①摆脱了测图必须先做控制网的束缚，无需考虑控制点和导线点、导线和后方交会，可以于任何时间在任何地区以很短时间得到厘米级精度的 RTK 位置信息，通过 GPS 锁定位置，然后用全站仪进行地形图、地籍图、平面图测绘，而不需做测量控制点，实现了无控制点测图。

②克服了 GPS 要求测站顶空必须通视的弱点，可以在高楼、植被覆盖的隐蔽地区照常进行测绘作业。

③仪器设备轻便，随机软件丰富，操作简单，自动记录，单人单机野外作业，可获得测站点在全国统一坐标系下当地高斯平面直角坐标系的坐标值和水准高程值。

④GPS 完全嵌入全站仪，借助于全站仪中完善的软件，所有的 TPS 和 GPS 操作都可以通过 TPS 的键盘进行。所有的数据存入在同一块 CompactFlash 卡中相同的一个数据库中。测量数据、系统状态信息以及其他任何信息都可在 TPS 屏幕上显示出来。TPS 的内置电池也可为 GPS 的天线和 RKT 通讯设备供电。所有的组件完美整合在一起，每一个组件都可无缝连接，无需电缆、外部电源以及数据输出设备等。

（2）超站仪的应用

超站仪集合了 TPS 和 GPS 的全部特点，通过软硬件的集成研究，实时获取测站点、定向点在要求坐标系的应用坐标，控制与碎步测量同时进行，实现无加密控制测量的即测即用的作业模式，简化测图工作程序，使它的应用更加广泛，具体来说，它适用于下列各项工作：

①工程测量、地形测量、地籍测量、城乡土地规划测量。

②江、河、湖、海水域地形测量。

③地质、物探、资源、灾害调查等测量。

④若采用传统静态定位作业模式，可用于各等级控制测量。

⑤交通、车辆、安全、旅游等与地理信息有关的管理系统工程。

 小结

本章介绍了测量学的基本知识，学习本章应掌握以下知识点：

（1）交通工程测量的三项任务，包括地形图测绘、施工放样和变形监测。地形图的测绘和施工放样在测量程序上是两个相反的过程。地形图测绘是使用测量仪器将地面上的地物和地貌缩绘在图纸上，而施工放样是将图纸上设置好的建筑物的位置在地面上标定出来。

（2）测量的基本工作及测量工作的基本原则。地面点的坐标和高程不是直接测定的，通常通过水平距离测量、水平角测量和高程测量（或高差测量）来确定。因此，水平距离测量、水平角测量和高程测量（或高差测量）是测量的 3 项基本工作，同时，测量工作必须遵循"由整体到局部，先控制后碎部，由高级到低级，前一步工作未检验不进行下一步测量工作"的原则。

（3）明确系统误差、偶然误差的概念和区别；理解中误差、容许误差和相对误差的定义及应用。

复习思考题

1. 测定和测设有什么区别？
2. 工程测量的任务是什么？
3. 确定地面点的 3 个基本要素是什么？ 测量的基本工作有哪些？
4. 测量工作的基本原则是什么？
5. 测量误差的来源有哪几个方面？
6. 什么是系统误差？ 什么是偶然误差？
7. 什么是中误差、容许误差和相对中误差？

第1章 水准测量

测量地面上各点高程的工作,称为高程测量,它是测量的基本工作之一。高程测量按使用仪器和施测方法的不同,可以分为水准测量、三角高程测量、GPS 高程测量和气压高程测量。水准测量是目前精度较高的一种高程测量方法,使用水准仪和水准尺测量地面点高程,因其操作方法简单、易于操作,且精度高,所以它是目前测定地面点高程的主要方法之一。水准测量广泛应用于国家高程控制测量、工程勘测和施工测量中。

1.1 水准测量原理

目前交通工程建设中,水准网的建立,因精度要求较高,一般采用水准测量进行。而在施工测量中,因水准测量使用的仪器简单,操作方便,成本较低,也一般采用水准测量的方法测定高程。

水准测量的基本原理是用水准仪建立一条水平视线,读取竖立于两个点上水准尺的读数,来测定出两点之间的高差,然后通过已知点高程计算待定点的高程。

如图 1.1 所示,若已知 A 点的高程为 H_A,欲测定待定点 B 点的高程 H_B。

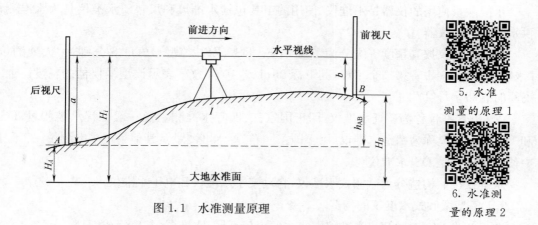

图 1.1　水准测量原理

5. 水准测量的原理 1

6. 水准测量的原理 2

在 A、B 两点竖立水准尺,在 A、B 中间位置安置一台水准仪,通过水准仪提供的水平视线,在 A 点水准尺上读数 a,在 B 点水准尺上读数 b,则

$$h_{AB} = a - b \tag{1.1}$$

假若 h_{AB} 为正值,表示 B 高于 A;反之,则 B 低于 A。进而可得

$$H_B = H_A + h_{AB} = H_A + a - b \tag{1.2}$$

利用式(1.2)求算待定点高程的方法称为高差法。

图 1.1 中，行进方向为 A 至 B 方向，则 A 点称为后视点，读数 a 称为后视读数；B 点称为前视点，读数 b 称为前视读数。

另外，改变计算顺序可得到视线高法。

H_i 称为视线高程，简称视线高，则有

$$H_i = H_A + a$$
$$H_B = H_i - b = H_A + a - b \tag{1.3}$$

利用式(1.3)求算待定点高程的方法称为视线高法。在同一个测站上，利用同一个视线高，可以较方便地计算出若干个不同位置的前视点的高程。这种方法常在工程测量中应用。

在实际作业中，应尽量将仪器架设在 A、B 两点中间位置，同时保持水准尺竖直。

综上所述，高差法与视线高法都是利用水准仪提供的水平视线测定地面点的高程，因此前提要求视线水平。在进行水准观测时要做好两项工作：确保视线水平和选取水准尺读数。此外，水准仪安置的高度对观测结果没有影响。

职业贴士

水准测量是有方向性的，在书写高差时，必须注意高差的下标：h_{AB} 表示 B 点相对于 A 点的高差；h_{BA} 则表示 A 点相对于 B 点的高差。两者绝对值相等，符号相反。

1.2　水准测量仪器和工具

1.2.1　水准测量仪器

7. 水准测量仪器

水准测量使用的仪器是水准仪，使用的工具包括水准尺和尺垫。水准仪是为水准测量提供水平视线的仪器。

我国水准仪按其精度等级分为 DS_{05}、DS_1、DS_3、DS_{10} 等型号。D、S 分别为"大地测量"和"水准仪"的汉字拼音第一个字母，其下标 05、1、3、10 等数字表示该型号仪器的精度。通常在书写时省略字母"D"。

DS_3 型水准仪称为普通水准仪，用于国家三、四等水准测量及一般工程水准测量；DS_{05} 型和 DS_1 型水准仪称为精密水准仪，用于国家一、二等水准测量及其他精密水准测量。工程建设中使用最多的是 DS_3 水准仪。

水准仪按照构造分为微倾式水准仪、自动安平水准仪和电子水准仪。

1. DS_3 型微倾式水准仪的构造

图 1.2 为 DS_3 型微倾式水准仪。它主要由望远镜、水准器、基座组成。

水准仪不能直接测量待定点的高程 H，但能够测量两点间的高差；根据视距测量原理，它还可以测量两点间的水平距离 D。

(1)望远镜

望远镜具有成像和扩大视角的功能，其作用是看清不同距离的目标和提供照准目标的视线。

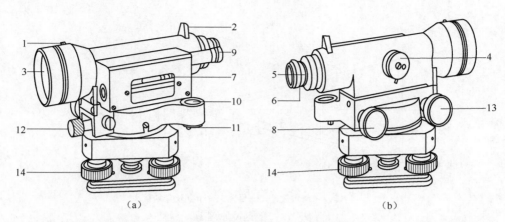

1—准星；2—照门；3—物镜；4—物镜调焦螺旋；5—目镜；6—目镜调焦螺旋；7—管水准器；8—微倾螺旋；

9—管水准器观察窗；10—圆水准器；11—圆水准器校正螺钉；12—水平制动螺旋；13—水平微动螺旋；14—脚螺旋。

图 1.2　DS₃ 型微倾式水准仪

　　望远镜是测量仪器观测远目标的主要部件，用来精确瞄准远处目标（标尺）和提供水平视线进行读数的设备。它主要由物镜、调焦透镜、十字丝分划板和目镜组成，如图 1.3 所示。

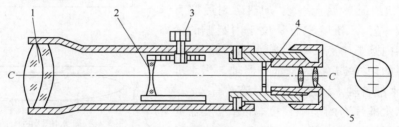

1—物镜；2—物镜调焦透镜；3—物镜调焦螺旋；4—十字丝分划板；5—目镜。

图 1.3　望远镜结构

　　十字丝分划板为一平板玻璃，上面刻有相互垂直的细线，称为十字丝。中间一条横线称为中丝，上、下对称且平行于中丝的短线称为上丝和下丝，上、下丝统称视距丝，用来测量距离。竖向的线称为竖丝。十字丝分划板位于目镜与调焦透镜之间，如图 1.3 所示。它是照准目标和读数的标志。

　　物镜光心与十字丝交点的连线称望远镜视准轴，用 CC 表示，为望远镜照准线。仪器安置好后，通过视准轴延长线提供观测水平视线。

　　望远镜的成像原理如图 1.4 所示。远处目标 AB 反射的光线，通过物镜和调焦透镜折射形成后，在十字丝分划板上形成倒立实像 ab，目镜又将 ab 和十字丝一起放大形成虚像 a_1b_1，即为在望远镜中观察到的目标 AB 倒立的影像。

　　部分水准仪在调焦透镜后装有一个正像棱镜，通过棱镜反射，看到的目标影像为正像，这种望远镜称为正像望远镜。

　　由图 1.4 知，观测者通过望远镜观察虚像 a_1b_1 的视角为 β，直接观察目标 AB 的视角为 α，显然 β 大于 α。β 与 α 之间的比值成为望远镜的放大倍率，用 V 表示。DS₃ 型水准仪一般放大率为 20～32 倍。

$$V = \frac{\beta}{\alpha} \tag{1.4}$$

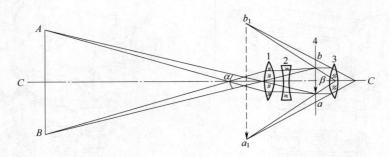

1—物镜；2—调焦透镜；3—目镜；4—十字丝分划板。

图 1.4　望远镜原理图

（2）水准器

水准器用于置平仪器。水准器分为管水准器（也称水准管）和圆水准器。水准管用于精平仪器使视准轴水平，圆水准器用于粗平仪器使竖轴铅垂。

①水准管：管水准器由玻璃圆管制成，其内壁磨成半径为 R 的圆弧面，如图 1.5 所示。与圆水准器一样，内装酒精和乙醚的混合溶液，加热融封后留有气泡。气泡较液体轻，水准气泡总是位于内圆弧的最高点。管水准器内圆弧中点 O 称为管水准器的零点，过零点作内圆弧的切线 LL 称为管水准器轴。当水准管气泡居中时，水准管轴 LL 处于水平状态。

为了提高水准气泡的居中精度，在管水准器的上方装有一组附合棱镜，如图 1.6 所示。通过这组棱镜，将气泡两端的影像反射到望远镜旁的管水准气泡观察窗内，旋转微倾螺旋，当窗内气泡两端的影像吻合后，表示气泡居中。

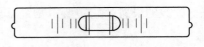

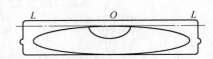

图 1.5　管水准器的构造与分划值

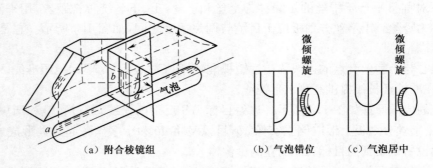

（a）附合棱镜组　　（b）气泡错位　　（c）气泡居中

图 1.6　管水准器符合棱镜

制造水准仪时，使管水准器轴平行于望远镜的视准轴，即 $LL /\!/ CC$。旋转微倾螺旋使管水准气泡居中时，管水准器轴处于水平位置，从而使望远镜的视准轴也处于水平位置。

②圆水准器：圆水准器由玻璃圆柱管制成，其顶面内壁是磨成一定半径的球面，内装酒精和乙醚的混合溶液，加热融封后留有气泡。球面中央刻有小圆圈，其圆心是圆水准器的零点，

过零点的球面法线为圆水准器轴,用 $L'L'$ 表示,如图 1.7
所示。当圆水准气泡居中时,圆水准器轴处于竖直位置。
圆水准器的分划值一般为 $(5' \sim 10')/2$ mm,其灵敏度较
低,只能用于仪器的粗略整平。

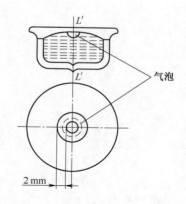

特性:气泡始终位于高处,气泡在哪处,说明哪处高。

(3)基座

基座由轴座、脚螺旋、底板和三角压板组成。基座的
作用是支撑仪器的上部,整个仪器用中心连接螺旋固定
在三脚架上,如图 1.2 所示。

(4)其余部件

照门和准星用来大致瞄准目标,方便从望远镜中精
确找准目标。

图 1.7　圆水准器图

水平制动螺旋拧紧后,望远镜将固定。此时,转动微动螺旋,仪器在水平方向作微小转动,
以利于照准目标。

✎ **职业贴士**

水准仪除了望远镜、水准器和基座三个主要部分外,还装有一套制动和微动螺旋。瞄准目
标时,只要拧制动螺旋,望远镜就不能转动。此时,放转微动螺旋可使望远镜在水平方向做微
小地转动,利于精确瞄准目标。当松开制动螺旋时,微动螺旋也就失去了作用。

2. 自动安平水准仪

自动安平水准仪的构造特点是没有水准管和微倾螺旋,而只有一个圆水
准器进行粗平。当圆水准器气泡居中后,尽管仪器视线仍有微小的倾斜,但借
助仪器内补偿器的作用,视准轴在几秒钟之内自动成水平状态。因此,自动安
平水准仪不仅能缩短观测时间,简化操作,而且对于施工现场地面的微小振

8. 自动安平
水准仪及架设

动、风吹等使仪器出现视线微小倾斜的不利状况,能迅速自动地安平仪器,有
效地减弱外界的影响,有利于提高观测精度。目前,自动安平水准仪已经广泛应用于测绘和工
程建设中。

国产自动安平水准仪的型号是在 DS 后加字母 Z,即为 DSZ_{05}、DSZ_{1}、DSZ_{3}、DSZ_{10} 等。其
中 Z,代表"自动安平"汉语拼音的第一个字母。

1)自动安平原理

自动安平水准仪的视线安平原理如图 1.8 所示。当视准轴水平时,设在水准尺上的正确
读数为 a,因为没有管水准器和微倾螺旋,依据圆水准器将仪器粗平后,视准轴相对于水平面
将有微小的倾斜角 α。如果没有补偿器,此时在水准尺上的读数设为 a';当在物镜和目镜之间
设置有补偿器后,进入到十字丝分划板的光线将全部偏转 β 角,使来自正确读数以 a 的光线经
过补偿器后正好通过十字丝分划板的横丝,从而读出视线水平时的正确读数。补偿器必须
满足

$$f\alpha = s\beta \tag{1.5}$$

式中 f——物镜等效焦距(m);

　　 s——补偿器到十字丝交点的距离(m)。

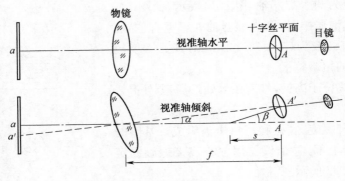

图 1.8　自动安平原理

2）精密水准仪

（1）概述

精密水准仪主要用于国家一、二等水准测量及精密工程测量，如建筑物变形观测、大型桥梁工程以及精密安装工程等测量工作。

精密水准仪类型很多，我国目前常用的 S_{05}（如威特 N_0、蔡司 Ni_{004}）和 S_1 型（如蔡司 Ni_{007}、国产 DS_1）水准仪均属于精密水准仪。图 1.9 为国产 DS_1 型精密水准仪。其构造与 DS_3 水准仪基本相同，但结构更精密，性能稳定，温度变化影响小。

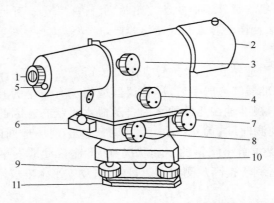

1—目镜；2—物镜；3—物镜调焦螺旋；4—测微轮；5—测微器凑数镜；6—粗平管水准器；

7—水平微动螺旋；8—微倾螺旋；9—脚螺旋；10—基座；11—底板。

图 1.9　DS_1 型精密水准仪

（2）精密水准仪特点

①水准管有较高的灵敏度，便于更精确地整平仪器，使视准轴更精确的水平。精密水准仪一般采用分划值为 $5''/2 \sim 10''/2$ mm 的水准管。

②配有光学测微器装置，用来更准确地在水准尺上读数，可以估读至 0.01 mm。

③望远镜具有较好的光学性能。物镜孔径大，望远镜有较高的放大倍率，十字丝中丝刻成楔形丝，有利于准确地照准水准尺上的分划线。

④仪器的结构稳定，受外界的影响小。

3）电子水准仪

电子水准仪又称数字水准仪。电子水准仪的光学系统采用了自动安平水准仪的基本形式,是一种集电子、光学、图像处理、计算机技术于一体的自动化智能水准仪,如图 1.10 所示。电子水准仪由基座、水准器、望远镜、操作面板和数据处理系统组成。数字水准仪具有内藏应用软件和良好的操作界面,可以完成读数、数据储存和处理、数据采集自动化等工作,具有速度快、精度高、作业劳动强度小、实现内外业一体化等优点。由电子手簿或仪器自动记录的数据可以传输到计算机内进行后续处理,还可以通过远程通信系统将测量数据直接传输给其他用户。若使用普通水准尺,也可当普通水准仪使用。

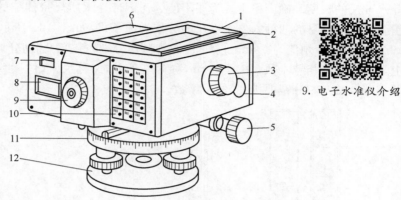

9. 电子水准仪介绍

1—物镜;2—提环;3—物镜调焦螺旋;4—测量按钮;5—微动螺旋;6—RS 接口;7—圆水准器观察窗;
8—显示器;9—目镜;10—操作面板;11—带度盘的轴座;12—连接板。

图 1.10　数字水准仪

1.2.2　水准尺和尺垫

1. 水准尺

水准尺又称水准标尺,是水准测量的重要工具,其质量的好坏直接影响水准测量的精度。水准尺的型式很多,一般有单面尺、双面尺、木质标尺、铝合金标尺、塔尺、精密水准尺(铟钢尺)、条形码水准尺等。常用的有双面尺和塔尺。

双面水准尺多用于三、四等水准测量,尺长为 3 m,以两把尺为一对使用,如图 1.11(a)所示。尺的两面均有刻划,一面为黑、白相间的黑面尺,称为基本分划面。另一面为红、白相间的红面尺,称为辅助分划面。两面的最小分划均为 1 cm,只在分米处有注记。两把尺的黑面均由零开始分划和注记。而红面,一根从 4.687 m 开始分划和注记,另一根从 4.787 m 开始分划和注记,两把尺红面注记的零点差为 0.1 m。在视线高度不变的情况下,同一根水准尺的红面和黑面读数之差应等于常数 4.687 m 或 4.787 m,这个常数称为尺常数,用 K 来表示,以此可以检核读数是否正确。

塔尺一般由三节或五节套接而成,是一种逐节缩小的组合尺,其长度为 5 m,如图 1.11(b)所示。尺的底部为零点,尺面上黑白格相间,分划为 5 mm 或 10 mm,在米和分米处有数字注记,超过 1 m 在注记上加红点表示米数,如 4 上加 1 个红点表示 1.4 m,加 2 个红点表示 2.4 m,依次类推。它携带方便,但尺段接头易损坏,对接易出差错,常用于精度要求不高的水准测量。

10. 塔尺的读数

2. 尺垫

尺垫一般由三角形的铸铁制成,下面有 3 个尖脚,便于使用时将尺垫踩入土中,使之稳固,如图 1.11(c)所示。上面有一个突起的半球体,水准尺竖立于球顶最高点。尺垫通常用于高程传递转点上,防止水准尺下沉。每对水准标尺都配有一对尺垫。

3. 精密水准尺

精密水准标尺的分划是印刷在因瓦合金钢带上的,由于这种合金的温度膨胀系数很小,因此水准尺的长度准确而稳定。为了不使因瓦钢带受木质尺身伸缩的影响,以一定的拉力将其引张在木质尺身的凹槽内。水准尺的分划为线条式,如图 1.12 所示。水准尺的分划值一般为 10 mm(也有分划值为 5 mm 的)。左边为基本分划,右边为辅助分划,分米或厘米注刻在木尺上。两种分划相差常数 301.550 cm,称为基辅差,又称尺常,供读数检核用。无辅助分划时,基本分划按左右分奇偶排列,便于读数。

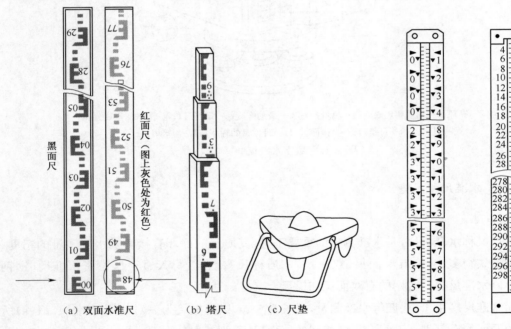

图 1.11　水准尺和尺垫　　　　　　　　图 1.12　精密水准尺图

(a) 双面水准尺　　　(b) 塔尺　　　(c) 尺垫

4. 条码水准尺

条码水准尺是与电子水准仪配套使用的专业水准尺,如图 1.13(a)所示,它由玻璃纤维塑料制成,或用铟钢制成尺面镶嵌在尺基上形成,全长为 2～4.05 m。尺面上刻相互嵌套、宽度不同、黑白相间的码条(称为条码),该条码相当于普通水准尺上的分划和注记。精密水准尺上附有安平水准器和扶手,在尺的顶端留有撑杆固定螺孔,以便用撑杆固定条码尺使之长时间保持准确而竖直的状态,减轻作业人员的劳动强度。条码尺在望远镜视场中的情形如图 1.13(b)所示。

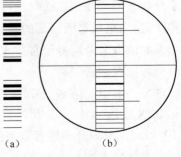

(a)　　　(b)

图 1.13　条码水准尺与望远镜
视场示意图

1.3 水准仪的使用

11. 水准仪的使用

1.3.1 DS₃水准仪的使用

用 DS₃ 水准仪进行水准测量的操作步骤为:安置仪器—粗平—瞄准—精平—读数,介绍如下。

1. 安置仪器

安置水准仪前,首先要按观测者的身高调节好三脚架的高度,为便于整平仪器,最好使三脚架的架头面大致水平,并将三脚架的三个脚尖踩牢,使脚架稳定。然后从仪器箱取出水准仪,置于三脚架的架头面,并立即用中心螺旋旋入仪器基座螺孔内,以防仪器从三脚架头上摔落。

2. 粗平

粗平即粗略整平仪器。旋转脚螺旋使圆水准气泡居中,仪器的竖轴大致铅垂,从而使望远镜的视准轴大致水平。

旋转脚螺旋方向与圆水准气泡移动方向的规律是:用左手旋转脚螺旋,则左手大拇指移动方向即为水准气泡移动方向;用右手旋转脚螺旋,则右手食指移动方向即为水准气泡移动方向,如图 1.14 所示。

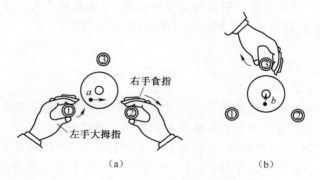

图 1.14 圆水准器整平

操作方法:用两手分别以相对方向转动两个脚螺旋,如图 1.14(a)所示,使气泡移动至 1、2 两个脚螺旋连线过零点的垂线上;然后再转动第三个脚螺旋使气泡居中,如图 1.14(b)所示;按上述步骤反复操作,直至仪器转至任意方向气泡均居中为止。

职业贴士

实际操作时可以不转动第三个脚螺旋,而以相同方向同样速度转动原来的两个脚螺旋使气泡居中。

3. 瞄准

首先进行目镜对光。将望远镜对准明亮的背景,旋转目镜调焦螺旋,使十字丝清晰。再松开制动螺旋,转动望远镜,用望远镜上的准星和照门瞄准水准尺,拧紧制动螺旋。从望远镜中观察目标,旋转物镜调焦螺旋,使目标清晰,再旋转微动螺旋,使竖丝对准水准尺,如图 1.15 所示。

瞄准目标后注意消除视差。当眼睛在目镜处上下微动时，十字丝的横丝在水准尺上有相对移动，这种现象称为视差。产生视差的原因是水准尺成像不在十字丝分划板上。消除视差的方法是：调节目镜调焦螺旋使十字丝清晰，再调节物镜调焦螺旋，反复调节直到消除视差。

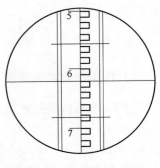

图 1.15　望远镜内成像

4. 精平

精平即精确整平仪器，目的是使视线精确水平。

操作时可先从望远镜的一侧观察水准管气泡，旋转微倾螺旋，使气泡大致居中，再从气泡观察窗中查看，慢慢旋转微倾螺旋直至完全吻合为止，如图 1.6 所示。

5. 读数

在标尺竖直、气泡居中的情况下，用中丝在水准尺上读数。

在水准尺上从小向大读数，可读取 4 位数字，如图 1.15 所示，米和分米可直接读出"1.6 m"，厘米位为"2"，毫米位需进行估读"1"，综合起来读数为"1.621 m"。

读数后应检查水准管气泡是否居中，若不居中，重新精平、读数。

1.3.2　自动安平水准仪的使用

自动安平水准仪的操作过程包括：安置仪器—粗平—瞄准—读数（不需要"精平"）。

有的自动安平水准仪配有一个键或自动安平钮，每次读数前应按一下键或按一下按钮才能读数，否则补偿器不会起作用。使用时应仔细阅读仪器说明书。

　职业贴士

使用水准仪应注意的事项如下：

(1)搬运仪器前，应检查仪器箱是否扣好或锁好，提手或背带是否牢固。

(2)安置仪器时，注意拧紧脚架的架腿螺旋和架头连接螺旋。

(3)操作仪器时用力要均匀轻巧；制动螺旋不要拧得过紧，微动螺旋不能拧到极限。目标偏在一边用微动螺旋不能调至正中时，应将微动螺旋反松几圈（目标偏离更远），再松开制动螺旋重新照准。

(4)在同一测站，对准另一目标时，水准管气泡都有偏离；每对准一个目标，都必须转动微倾螺旋使水准管气泡居中才能读数。

(5)迁移测站时，如果距离较近，可将仪器侧立，左臂夹住脚架，右手托住仪器基座步行搬迁；如果距离较远，应将仪器装箱搬运。

(6)仪器应存放在阴凉干燥、通风和安全的地方，注意防潮、防霉，防止碰撞或摔跌损坏。

技能训练 1

水准仪基本操作实训。

一、训练目的

熟悉水准仪的构造，了解水准仪各部件的位置和作用。

二、训练安排

每组:水准仪一台,水准尺一副。

三、训练内容与训练步骤

1. 训练内容

水准仪的构造及操作方法。

2. 训练步骤

①安置和粗平水准仪。

水准仪安置主要是整平圆水准器,使仪器概略水平。做法:选位,安好仪器,先踏实两脚架尖,摆动另一只脚架使圆水准器气泡概略居中,然后转动脚螺旋使气泡居中。

②用望远镜照准水准尺,并且消除视差。

首先用望远镜对着明亮背景,转动目镜对光螺旋,使十字丝清晰可见。然后松开制动螺旋,转动望远镜,利用镜筒上的准星照准水准尺,旋紧制动螺旋,再转动物镜对光螺旋,使尺像清晰,并消除视差。

③精确整平水准仪。

转动微倾螺旋使管水准器的符合水准气泡两端的影像符合。

④读数。

以十字丝横丝为准,读出水准尺的数值。先估读毫米数,再读出米、分米、厘米数。要特别注意不要错读单位和发生漏 0 现象。读数后,应立即查看气泡是否仍然符合要求,否则应重新使气泡符合后再读数。

3. 注意事项

①安置仪器时应将仪器中心连接螺旋拧紧,防止仪器从脚架上脱落下来。

②水准仪为精密光学仪器,在使用中要按照操作规程作业,各个螺旋要正确使用。

③在读数前务必将水准器的符合水准器气泡严格符合,读数后应复查气泡符合情况。

④转动各螺旋时要稳、轻、慢,不能用力太大。

⑤水准尺必须要有人扶着,决不能立在墙边或靠在电杆上,以防摔坏水准尺。

⑥螺旋转到头要反转回来少许,切勿继续再转,以防脱扣。

四、训练报告

训练记录表

序　号	部件名称	作　用
1	准星	
2	目镜对光螺旋	
3	物镜对光螺旋	
4	微动螺旋	
5	脚螺旋	
6	圆水准器	

12. 水准测量
的实施 1

1.4 水准测量的实施

1.4.1 水准点

用水准测量方法测定高程建立的高程控制点称为水准点，如图 1.16 所示，用 BM 表示。需长期保存的水准点一般用混凝土或石头制成标石，中间嵌半球形金属标志，埋设在冰冻线以下 0.5 m 左右的坚硬土基中，并设防护井保护，该水焦点称为永久性水准点，如图 1.16(a)所示。亦可埋设在岩石或永久建筑物上，如图 1.16(b)所示。使用时间较短的，称为临时水准点。一般用混凝土标石埋在地面，如图 1.16(c)所示，或用大木桩顶面加一帽钉打入地下，并用混凝土固定，如图 1.16(d)所示，亦可在岩石或建筑物上用红漆标记。

为满足各类测量工作的需要，水准点按精度分为不同等级。国家水准点分一、二、三、四等四个等级，埋设永久性标志，其高程为绝对高程。为满足工程建设测量工作的需要，建立低于国家等级的等外水准点，埋设永久或临时标志，其高程应从国家水准点引测，引测有困难时，可采用相对高程。

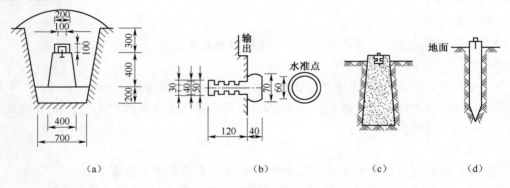

图 1.16 水准点（单位：mm）

1.4.2 水准路线

水准测量进行的路径称为水准路线。根据测区情况和需要，工程建设中水准路线可布设成以下形式。

1. 闭合水准路线

如图 1.17(a)所示，从一个已知高程点 BM_A 出发，沿线测定待定高程点 1,2,3,…的高程后，最后闭合在 BM_A 上。这种水准测量路线称闭合水准（路线），多用于面积较小的块状测区。

2. 附合水准路线

如图 1.17(b)所示，从一个已知高程点 BM_A 出发，沿线测定待定高程点 1,2,3,…的高程后，最后附合在另一个已知高程点 BM_B 上。这种水准测量路线称附合水准（路线），多用于带状测区。

3. 支水准路线

如图 1.17(c)所示，从一个已知高程点 BM_A 出发，沿线测定待定高程点 1,2,3,…的高程后，既不闭合又不附合在已知高程点上。这种水准测量路线称支水准（路线）或支线水准，多用于测图水准点加密。

4. 水准网

如图 1.17(d) 所示,由多条单一水准路线相互连接构成的网状图形称水准网。其中 BM_A、BM_B 为高级点,C、D、E、F 等为结点,多用于面积较大测区。

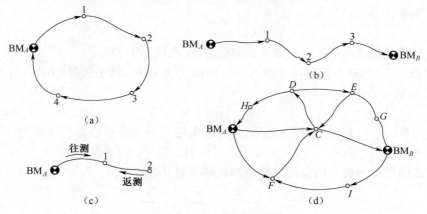

图 1.17 水准路线

 职业贴士

三种单一水准路线所测得的高差只有闭合水准路线和附合水准路线可以与已知高程水准点进行校核;而支水准路线因为没有检核条件,支水准路线的长度有限制,点数不超过两个,而且还需进行往测与返测,或者用两组仪器进行并测最后都闭合到起始点上。

1.4.3 水准测量外业的实施

1. 一般要求

作业前应选择适当的仪器、标尺,并对其进行检验和校正。三、四等水准和图根控制用 DS₃ 型仪器和双面尺,五等水准配单面尺。一般性测量采用单程观测作为首级控制,支水准路线测量必须往返观测。等级水准测量的仪尺距、路线长度等必须符合规范要求。测量应尽可能采用中间法,即仪器安置在距离前、后视距大致相等的位置。

13. 水准测量
的实施 2

2. 施测程序

如图 1.18 所示,设 A 点的高程 H_A 已知,测定 B 点的高程 H_B 的程序如下:

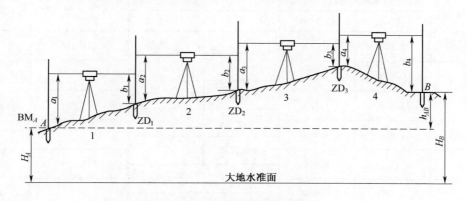

图 1.18 水准测量外业实施

①安置仪器于 1 站并粗平，后视尺立于 BM$_A$，在路线前进方向选择一点与 A 大致等距的适当位置作 ZD$_1$，作为临时的高程传递点，称为转点。放上尺垫并踩实，将前视尺立于其上。

②照准 A 点尺，精平仪器后，读取后视读数 a_1，照准 ZD$_1$ 点尺，精平仪器后，读取前视读数 b_1，记入手簿中（表1.1），则

$$h_1 = a_1 - b_1$$

③将仪器搬至 2 站，粗平，ZD$_1$ 点尺面向仪器，A 点尺立于 ZD$_2$。

④照准 ZD$_1$ 点尺，精平仪器后读数为 a_2；照准 ZD$_2$ 点尺，精平仪器后读数为 b_2，记入手簿中（表1.1），则

$$h_2 = a_2 - b_2$$

⑤按上述第(3)、(4)步连续设站施测，直至测至终点 B 为止。各站的高差为

$$h_i = a_i - b_i (i=1,2,3,\cdots)$$

根据上式即可求得各点的高程。将各测站高差取其和

$$h_{AB} = \sum h_i = \sum a_i - \sum b_i \tag{1.6}$$

B 点高程为

$$H_B = H_A + h_{AB} = H_A + \sum h \tag{1.7}$$

施测全过程的高差、高程计算和检核，均在水准测量记录手簿（表1.1）中进行。

 职业贴士

长距离的水准测量，实际上就是水准测量基本操作方法、记录与计算的重复连续性工作，关键还是熟练掌握水准仪的操作方法以及高差、高程的计算。

在每一测段结束后或手簿上每一页之末，必须进行计算校核。检查后视读数之和减去前视读数之和（$\sum a - \sum b$）是否等于各站高差和（$\sum h$），并等于终点高程减起点高程，如不相等，则计算中必有错误，应进行检查。但应注意，这种复核只能检查计算工作有无错误，而不能检查出测量过程中所产生的错误，如读错、记错等。

表 1.1　水准测量记录手簿

日期：_____　仪器：_____　观测者：_____
天气：_____　自_____测至_____　记录者：_____

测　站	水准尺读数		高　差		高　程	备　注
	后视(a)	前视(b)	＋	－		
A	2.142				121.446	
ZD$_1$	0.928	1.258				
ZD$_2$	1.664	1.235	+0.884			
ZD$_3$	1.672	1.431		−0.307		
B		2.074	+0.233		121.854	
				−0.402		
计算检核	6.460	5.998				
	$\sum a - \sum b = +0.408$		$\sum h = +0.408$		$H_B - H_A = +0.408$	

1.4.4　水准测量检核

1. 测站检核

每站水准测量时,观测的数据错误将导致高差和高程计算错误。为保证观测数据的正确性,通常采用变动仪器高法或双面尺法进行测站检核。不合格时不得搬站,待重测合格后迁站。

(1)变动仪器高法

变动仪器高法又称变更仪器高法。在一个测站上,观测一次高差 $h' = a' - b'$ 后,将仪器升高或降低 10 cm 左右,再观测一次高差 $h'' = a'' - b''$。当两次高差之差(称为较差)满足

$$\Delta h = h' - h'' \leqslant \Delta h_容 \tag{1.8}$$

取平均值作为本站高差;否则应重测,直到满足式(1.8)为止。式中 $h_容$ 称为容许值,可在相应的规范中查取。

(2)双面尺法

在一个测站上,仪器高度不变,分别观测水准尺黑面和红面的读数,获得两个高差 $h_黑 = a_黑 - b_红$ 和 $h_红 = a_红 - b_红$,若满足

$$\Delta h = h_黑 - h_红 \pm 100 \text{ mm} \leqslant \Delta h_容 \tag{1.9}$$

取平均值作为结果;否则应重测。

2. 计算检核

手簿中计算的高差和高程应满足 $\sum h_i = \sum a_i - \sum b_i = H_B - H_A$,若结果不满足要求,则说明高差计算和高程推算有错,应查明原因予以纠正。计算检核在手簿辅助计算栏中进行。

3. 路线检核

通过上述检核,仅限于读数误差和计算错误,不能排除其他诸多误差对观测成果的影响,例如转点位置移动、标尺或仪器下沉等,造成误差积累,使得实测高差 $\sum h_测$ 与理论高差 $\sum h_理$ 不相符,存在一个差值,称为高差闭合差,用 f_h 表示,即

$$f_h = \sum h_测 - \sum h_理 \tag{1.10}$$

因此,必须对高差闭合差进行检核。如果 $f_h \leqslant f_{h容}$,表示测量成果符合精度要求,可以应用,否则必须重测。其中 $f_{h容}$ 称为高差闭合差容许值,五等水准测量的高差闭合差容许值为

$$平地:f_{h容} = \pm 30\sqrt{L} \text{ (mm)}$$

式中　L——水准路线的长度(km)。

1.5　水准测量成果整理

1.5.1　高差闭合差的计算与检核

1. 闭合水准路线

由于路线的起点与终点为同一点,其高差 $\sum h_测$ 的理论值应为 0,即

$$\sum h_{理闭} = 0$$

$$f_h = \sum h_测 \tag{1.11}$$

然后进行外业计算的成果检核，验算 f_h 是否符合规范要求。验算通过后，方能进入下一步高差改正数的计算。否则，必须进行补测，直至达到要求为止。

2. 附合水准路线

由于路线的起、终点 A、B 为已知点，两点间高差观测值 $\sum h_测$ 的理论值应为

$$\sum h_{理附} = H_B - H_A$$
$$f_h = \sum h_测 - (H_B - H_A) \tag{1.12}$$

同理，对外业的成果进行检核，通过后方能进入下一步计算。

3. 支线水准路线

由于路线进行往返观测，往返测高差之和的理论值应为

$$\sum h_{理支} = 0$$
$$f_h = \sum h_往 + \sum h_返 \tag{1.13}$$

同理，对外业的成果检核进行检核。

1.5.2　高差改正数 v_i 的计算与高差闭合差调整

1. 高差改正数 v_i 计算

对于闭合水准线路和附合水准线路，在满足 $f_h \geqslant f_{h容}$ 条件下，可对观测值 $\sum h_测$ 施加改正数 v_i，使之符合理论值。改正的原则是：与 f_h 反符号，按测程 L 或测站 n 成正比分配。设路线有 i 个测段，第 i 测段的水准路线长度为 L_i（以 km 计）或测站数为 i，总里程或总测站数为 $\sum L$ 或 $\sum n$，则测段高差改正数为

$$v_i = \frac{-f_h}{\sum L} \cdot L_i$$

或

$$v_i = \frac{-f_h}{\sum n} \cdot n_i \tag{1.14}$$

改正数凑整至毫米（mm），并按式（1.9）进行验算

$$\sum v_i = -f_h \tag{1.15}$$

 职业贴士

若改正数的总和不等于闭合差的反数，则表明计算有错，应重算。如因凑整引起的微小不符值，则可将它加分配在任一测段上。

2. 调整后高差计算

高差改正数计算经检核无误后，将测段实测高差 $\sum h_{测i}$ 加以调整，加入改正数得到调整后的高差 $\sum h_i'$，即

$$\sum h' = \sum h_{测i} + v_i \tag{1.16}$$

调整后线路的总高差应等于它相应的理论值，以资检核。

对于支线水准，在 $f_h \geqslant f_{h容}$ 条件下，取其往返高差绝对值的平均值作为观测成果。

1.5.3　高程计算

设 z 测段起点的高程为 H_{i-1}，则终点高程 H_i 应为

$$H_i = H_{i-1} + \sum h' \tag{1.17}$$

从而可求得各测段终点的高程，并推算至已知点进行检核。

1.5.4　算例

某平地附合水准路线，BM_A、BM_B 为已知高程水准点，各测段的实测高差及测段路线长度如图 1.19 所示。该水准路线成果处理计算列入表 1.2 中。

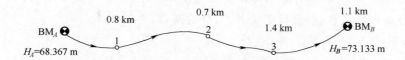

图 1.19　附合水准路线计算图

$$H_{A1} = +2.710 \text{ m} \quad H_{12} = -1.546 \text{ m} \quad H_{23} = +1.677 \text{ m} \quad H_{3B} = +1.876 \text{ m}$$

表 1.2　附合水准路线测量成果计算表

点　号	路线长度（km）	实测高差（m）	改正数（m）	改正后高差（m）	高程（m）	备　注
BM_A					68.367	
	0.8	+2.710	+0.010	+2.720		
1					71.087	
	0.7	−1.546	+0.008	−1.538		
2					69.549	
	1.4	+1.677	+0.017	+1.694		
3					71.243	
	1.1	+1.876	+0.014	+1.890		
BM_B					73.133	
$\sum$	4.0	+4.717	+0.049	+4.766		
辅助计算	$f_h = -49$ mm　　　$\sum L = 4.0$ km　　$f_{h容} = \pm 30\sqrt{L} = \pm 60$ mm $f_h < f_{h容}$　　　符合精度要求 $-f_h / \sum L = 12.2$ mm					

技能训练 2

水准测量实训。

一、训练目的

①掌握普通水准路线测量的观测、记录以及校核计算的方法。

②学会对水准测量进行路线校核和调整闭合差。

二、训练安排

每组：水准仪一台，水准尺一副。

三、训练内容与训练步骤

1. 训练内容

训练场地选定一条闭合水准路线，其长度以安置 4～5 个测站为宜，中间设待定点 B、C、D。

从已知水准点 A 出发，水准测量至 B、C、D 点，然后再测至 A 点。根据已知点高程（或假定高程）及各测站的观测高差，计算水准路线的高差闭合差，并检查是否超限。如外业精度符合要求，对闭合差进行调整，求出待定点 B、C、D 的高程。

2. 训练步骤

①背离已知点方向为前进方向，在 A、B、C 点间要设若干转点。第 1 测站安置水准仪在 A 点与转点 ZD_1 之间，前、后视距大约相等，其视距不超过 100 m，粗略整平水准仪。

②后视 A 点上的水准尺，精平，用中丝读取后尺读数，记入水准测量记录表中。前视转点 1 上的水准尺，精平并读数，记入水准测量记录表中。然后立即计算该站的高差。

③迁至第 2 测站，继续上述操作程序，直到最后回到 A 点（或另一个已知水准点）。

④根据已知点高程及各测站高差，计算水准路线的高差闭合差，并检查高差闭合差是否超限，其限差公式为

平地　　　　　　　　　　　　$f_{h容} = \pm 30\sqrt{L} \ (\mathrm{mm})$　　　　　　　　　　　（1.18）

式中　L——水准路线的长度（km）。

⑤若高差闭合差在容许范围内，则对高差闭合差进行调整，计算各待定点的高程。

3. 注意事项

①在每次读数之前，要消除视差，并使符合水准气泡严格居中。

②在已知点和待定点上不能放置尺垫，但在松软的转点必须用尺垫，在仪器迁站时，前视点的尺垫不能移动。

③弄清每一个测站的前视点、后视点、前视读数、后视读数、转点、中间点的概念，不要混淆。

④在路线水准测量过程中必须十分小心地测量转点的后视读数和前视读数并认真记录计算，一旦有错将影响后面的所有测量，造成后面全部结果错误。

⑤每个测段、每个测站的记录和计算与路线水准测量的成果计算不要混淆。要搞清各自的计算步骤和计算公式。

⑥注意检查高差闭合差是否超限，如超限应重测。

⑦搞清已知水准点只有后视读数；转点既有后视读数，又有前视读数；中间点只有前视读数。

⑧各测站的视线高度不一样。

四、训练报告

水准测量记录表

_____年_____月_____日　测量者_____　记录者_____　复核者_____

测　点	水准尺读数		高　差		高　程	备　注
	后　视	前　视	＋	－		

1.6　水准测量误差

水准测量误差包括仪器误差、观测误差和外界条件的影响三个方面。

1. 仪器误差

(1)仪器校正后的残余误差。例如水准管轴与视准轴不平行,虽经校正仍然残存少量误差等。这种误差的影响与距离成正比,只要观测时注意使前、后视距离相等,便可消除或减弱此项误差的影响。

(2)水准尺误差。由于水准尺刻划不正确,尺长变化、弯曲等影响,会影响水准测量的精度,因此,水准尺须经过检验才能使用。至于尺的零点差,可在一水准测段中使测站为偶数的方法予以消除。

2. 观测误差

(1)水准管气泡居中误差。设水准管分划道为 τ'',居中误差一般为 $\pm 0.15\tau''$,采用符合式水准器时,气泡居中精度可提高一倍,故居中误差 m 为

$$m = \pm \frac{0.15\tau''}{2 \cdot \rho''} \cdot D \tag{1.19}$$

式中　D——水准仪到水准尺的距离(m)。

(2)读数误差。在水准尺上估读数毫米数的误差,与人眼的分辨力、望远镜的放大倍率以及视线长度有关,通常按下式计算

$$m_v = \frac{60''}{V} \cdot \frac{D}{\rho''} \tag{1.20}$$

式中　V——望远镜的放大倍率；

　　$60''$——人眼的极限分辨能力；

　　其余符号释义同前。

（3）视差影响。当存在视差时，十字丝平面与水准尺影像不重合，若眼睛观察的位置不同，便读出不同的读数，因而也会产生读数误差。

（4）水准尺倾斜影响。水准尺倾斜将导致尺上读数增大，如水准尺倾斜 $3°30'$，在水准尺上 1 m 处读数时，将会产生 2 mm 的误差；若读数大于 1 m，误差将超过 2 mm。

3. 外界条件的影响

（1）仪器下沉。由于仪器下沉，使视线降低，从而引起高差误差。若采用"后、前、前、后"观测程序，可减弱其影响。

（2）尺垫下沉。如果在转点发生尺垫下沉，使下一站后视读数增大，这将引起高差误差。采用往返观测的方法，取成果的中数，可以减弱其影响。

（3）地球曲率及大气折光影响。地球曲率与大气折光影响之和为

$$f = 0.43 \times \frac{D^2}{R} \tag{1.21}$$

式中　R——地球平均曲率半径，取 6 378 245 m。

如果使前后视距 D 相等，由公式（1.21）计算的 f 值则相等，地球曲率和大气折光的影响将得到消除或大大减弱。

（4）温度影响。温度的变化不仅引起大气折光的变化，而且当烈日照射水准管时，由于水准管本身和管内液体温度的升高，气泡向着温度高的方向移动，从而影响仪器水平，产生气泡居中误差，观测时应注意撑伞遮阳。

1.7　水准仪的检验与校正

1.7.1　水准仪应满足的几何条件

根据水准测量的原理，水准仪必须能提供一条水平的视线，才能正确地测出两点间的高差。为此，水准仪在结构上应满足如图 1.20 所示的条件。

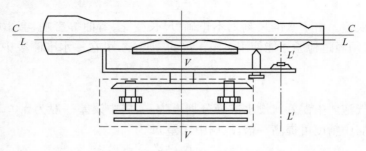

图 1.20　水准仪的主要轴线

①圆水准器轴 $L'L'$ 应平行于仪器的竖轴 VV。

②十字丝的中丝应垂直于仪器的竖轴 VV。

③水准管轴 LL 应平行于视准轴 CC。

水准仪应满足上述各项条件,在水准测量之前,应对水准仪进行认真的检验与校正。

1.7.2　水准仪的检验与校正

1. 圆水准器轴 $L'L'$ 平行于仪器的竖轴 VV 的检验与校正

（1）检验方法

旋转脚螺旋使圆水准器气泡居中,然后将仪器绕竖轴旋转 $180°$,如果气泡仍居中,则表示满足;如果气泡偏出分划圈外,则需要校正。

（2）校正方法

校正时,先调整脚螺旋,使气泡向零点方向移动偏离值的一半,此时竖轴处于铅垂位置。然后,稍旋松圆水准器底部的固定螺钉,用校正针拨动 3 个校正螺钉,使气泡居中,这时圆水准器轴平行于仪器竖轴且处于铅垂位置。

圆水准器校正螺钉的结构如图 1.21 所示。此项校正,需反复进行,直至仪器旋转到任何位置时,圆水准器气泡皆居中为止。最后旋紧固定螺钉。

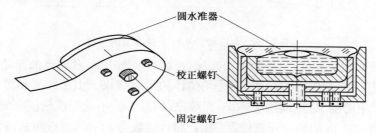

图 1.21　圆水准器校正螺钉

校正工作一般难以一次完成,需反复校核数次,直到仪器旋转到任何位置时气泡都居中为止。最后,应注意拧紧固定螺栓。

2. 十字丝中丝垂直于仪器竖轴的检验与校正

（1）检验方法

安置水准仪,使圆水准器的气泡严格居中后,先用十字丝交点瞄准某一明显的点状目标 M,如图 1.22（a）所示,然后旋紧制动螺旋,转动微动螺旋,如果目标点 M 不离开中丝,如图 1.22（b）所示,则表示中丝垂直于仪器的竖轴;如果目标点 M 离开中丝,如图 1.22（c）所示,则需要校正。

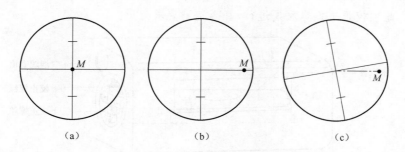

（a）　　　　　　　　　（b）　　　　　　　　　（c）

图 1.22　十字丝中丝垂直于仪器的竖轴的检验

（2）校正方法

松开十字丝分划板座的固定螺钉转动十字丝分划板座，使中丝一端对准目标点 M，再将固定螺钉拧紧。此项校正也需反复进行。

3. 水准管轴平行于视准轴的检验与校正

（1）检验方法

如图 1.23 所示，在较平坦的地面上选择相距约 80 m 的 A、B 两点，打下木桩或放置尺垫。用皮尺丈量，定出 A、B 的中间点 C。

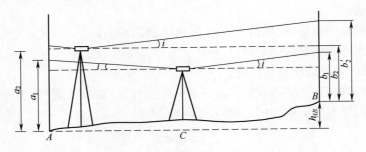

图 1.23　水准管轴平行于视准轴的检验

①在 C 点处安置水准仪，用变动仪器高法，连续两次测出 A、B 两点的高差，若两次测定的高差之差不超过 3 mm，则取两次高差的平均值作为最后结果。由于距离相等，视准轴与水准管轴不平行所产生的前、后视读数误差 x_1 相等，故高差 h_{AB} 不受视准轴误差的影响。

②在离 A 点约 3 m 的地方安置仪器（图 1.23），读数为 a_2、b_2，两点间的高差为

$$h_2 = a_2 - b_2 \tag{1.22}$$

若 $h_1 = h_2$，则水准管轴与视准轴平行，否则需要校正（当 h_1 与 h_2 之差小于或等于 5 mm 时，一般不校正）。

📝 **职业贴士**

将仪器安置在两点之间，即使水准仪的视准轴不平行于水准管轴，倾斜 i 角，分别引起读数误差 Δa 和 Δb，但是因为 $BC = AC$，则 $\Delta a = \Delta b = \Delta$，误差刚好抵消。说明不论视准轴与水准管轴平行与否，只要水准仪安置在距水准尺等距离处，测出的均是正确高差。

（2）校正方法

转动微倾螺旋，使十字丝的中丝对准 A 点尺上应读读数，用校正针先拨松水准管一端左、右校正螺丝，如图 1.24 所示，再拨动上、下两个校正螺丝，使偏离的气泡重新居中，最后要将校正螺丝旋紧。此项校正工作需反复进行，直至达到要求为止。

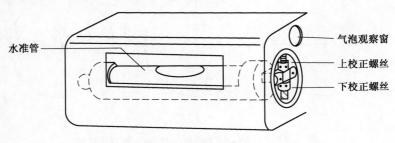

图 1.24　水准管的校正

仪器检验与校正的顺序原则是前一项检验不受后一项检验的影响,或者说后一项检验不破坏前一项检验条件的满足。因此,3 个检验项目应按规定的顺序进行检验校正,不得颠倒顺序。拨动校正螺钉时,不能用力过猛,应先松后紧,校正完后,校正螺丝应处于稍紧状态。每项检验与校正应反复进行,直至符合要求为止。

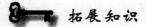

二等水准测量技术要求

(1)二等水准测量的精度

每千米水准测量的偶然中误差 M_Δ 和每公里水准测量的全中误差 M_w 一般不得超过表 1.3 规定的数值。

表 1.3　二等水准测量误差值

测量等级	二等
M_Δ	1.0 mm
M_w	2.0 mm

(2)二等水准测量仪器的选择

二等水准测量中使用的仪器按表 1.4 的规定执行。

表 1.4　二等水准仪器选择

序号	仪器名称	最低型号	备　　注
1	自动安平水准仪或气泡式水准仪	DSZ₁	用于水准测量
2	两排分划的线条式因瓦合金标尺	DS₁	用于水准测量
3	光电测距仪	Ⅱ级	用于跨河水准测量

(3)二等水准测量仪器指标

二等水准测量中使用的仪器技术指标按表 1.5 的规定执行。

表 1.5　二等水准仪器技术指标

序号	仪器技术指标项目	指标限差	超限处理办法
1	标尺弯曲差	4.0 mm	对标尺施加改正
2	一对标尺零点不等差	0.10 mm	调整
3	标尺基辅分划常数偏差	0.05 mm	采用实测值
4	标尺底面垂直性误差	0.10 mm	采用尺圈

序号	仪器技术指标项目	指标限差	超限处理办法
5	标尺名义米长偏差	100 μm	禁止使用
6	一对标尺名义米长偏差	50 μm	调整
7	测前测后一对标尺名义米长变化	30 μm	根据情况正确处理所测成果

（4）二等水准测量观测方式

①二等水准测量采用单路线往返观测。一条路线的往返测，须使用同一类型的仪器和转点尺垫，沿同一路线进行。

②在每一区段内，先连续进行所有测段的往测（或返测），随后再连续进行该区段的返测（或往测）；若区段较长，也可将区段分成 20～30 km 的几个分段，在分段内连续进行所有测段的往返观测。

③同一测段的往测（或返测）与返测（或往测）应分别在上午与下午进行。在日间气温变化不大的阴天和观测条件较好时，若干里程的往返测可同在上午或下午进行。但这种里程的总站数，不应该超过该区段总站数的 30%。

（5）设置测站

测站视线长度（仪器至标尺距离）、前后视距差、视线高度按表 1.6 规定执行。

表 1.6　二等水准测量视距允许误差

等级	仪器型号	视线长度	前后视距差	任一测站上前后视距差累积	视线高度（下丝读数）
二等	DS_1，DS_{05}	≤50 m	≤1.0 m	≤3.0 m	≥0.3 m

（6）测站观测限差

测站观测限差应不超过表 1.7 的规定。

表 1.7　二等水准测站限差

等级	上下丝读数平均值与中丝读数的差		基辅分划读数的差	基辅分划所测高差的差	检测间歇点高差的差
	0.5 cm 刻划标尺	1 cm 刻划标尺			
二等	1.5 mm	3.0 mm	0.4 mm	0.6 mm	1.0 mm

使用双摆位自动安平水准仪观测时，不计算基辅分划读数差。

测站观测误差超限，在本站发现后可立即重测，若迁站后才检查发现，则应从水准点或间歇点（须经检测符合限差）起始，重新观测。

（7）往返测高差不符值、闭合环差

往返测高差不符值、闭合环差和检测高差较差的限差应不超过表 1.8 的规定。

表 1.8　二等水准测量高差限差表

等级	测段、区段、路线往返测高差不符值（mm）	附合路线闭合差（mm）	环闭合差（mm）	检测已测测段高差之差（mm）
二等	$4\sqrt{K}$	$4\sqrt{L}$	$4\sqrt{F}$	$6\sqrt{R}$

注：K—测段、区段或路线长度（km）；L—附合路线长度（km）；F—环线长度（km）；R—检测测段长度（km）。

小结

　　本章介绍了水准测量的原理以及水准仪的基本操作,重点介绍了水准仪的安置与读数、水准测量的记录及计算。最后还介绍了水准测量误差来源及水准仪的检验与校正。

 复习思考题

　　1. 绘图说明水准测量的基本原理。

　　2. 望远镜、物镜、目镜对光螺旋、水平制动螺旋、水平微动螺旋、微倾螺旋的作用是什么?

　　3. 什么是水准点? 它们在测量中的作用是什么?

　　4. 简述水准仪在一个测站的操作方法。

　　5. 什么是视差? 视差产生的原因是什么? 如何消除视差?

　　6. 什么是转点? 转点在水准测量中的作用是什么?

　　7. 水准测量中为什么要求前后视距等长?

 复习测试题

　　1. 已知 BM_1 的高程是 89.213 m,待测点是 BM_2。在两点之间进行往返测,往测高差为 $+1.970$ m,返测数据如图 1.25 所示,单程水准路线长 0.6 km,试计算 BM_2 的高程,并检验成果是否合格。

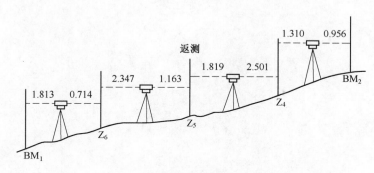

图 1.25　习题图

　　2. 检验水准仪的视准轴与水准管轴是否平行时,中间水准测量得 A 尺读数 1.415 m,B 尺读数为 1.573 m。当仪器安置在 A 尺附近时,得 A 尺读数为 1.676 m,B 尺读数为 1.854 m,问两次高差之差是否满足要求? 校正水准管时,B 尺的正确读数为多少? (AB 点相距 100 m)。

　　3. 水准仪的主要轴线有哪些? 应满足的几何关系是什么?

　　4. 表 1.9 是一条闭合水准路线测量成果列表,试计算各水准点的高程。

表 1.9　闭合水准测量成果

水准点	距离(km)	高差(m)	已知高程(m)
BM_A			89.763

水准点	距离（km）	高差（m）	已知高程（m）
BM$_1$	1.5	+9.826	
BM$_2$	1	−3.411	
BM$_3$	1	+2.550	
BM$_A$	1.5	−8.908	

5. 表 1.10 是一条附合水准路线测量成果列表，试计算各水准点的高程。

表 1.10　附合水准测量成果

水准点	距离（km）	高差（m）	已知高程（m）
BM$_A$			182.762
BM$_1$	1.5	+3.740	
BM$_2$	1.3	−3.184	
BM$_3$	1.0	+3.782	
BM$_B$	1.2	−2.773	184.349

第 2 章 角 度 测 量

为了确定地面点的平面位置,通常需要观测水平角;为了确定地面点的高程位置,除了采用水准测量的方法外,还可以通过观测竖直角按三角高程测量的方法得到。本章的主要内容就是如何测量地面上某点与两目标构成的水平角以及如何确定一条直线和水平线或天顶方向夹角的大小。本章主要介绍水平角测量与竖直角测量的基本技能。

2.1 角度测量原理

2.1.1 水平角测量原理

地面上一点到两个目标的方向线在水平面上的投影所夹的角度称为水平角,用 β 表示。

如图 2.1 所示,A、O、B 为地面上的任意 3 点,将 3 点垂直投影到同一水平面上得 A_1、O_1 和 B_1 点,则直线 A_1O_1 和 O_1B_1 的夹角即称水平角 β。为了获得水平角 β 的大小,假想在 O 点设置一个水平的刻度圆盘,且圆盘中心正好在 OO' 竖线上,并设置成水平状态,OA 在度盘上读数为 a,OB 在度盘上读数为 b,则 a 减去 b 就是水平角 β,即

$$\beta = a - b \qquad (2.1)$$

由此可见,地面上任意两直线间的水平夹角,就是通过两直线所作铅垂面间的二面角。其角值范围为 $0° \sim 360°$,没有负值。

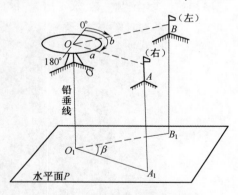

图 2.1 水平角测量原理

2.1.2 竖直角测量原理

竖直角是同一竖直面内目标方向与水平线之间的夹角,又称倾角,一般用 α 表示。

如图 2.2 所示,视线上仰时称为仰角,仰角为正;视线下俯时称为俯角,俯角为负。因此竖直角的范围为 $0° \sim \pm 90°$。

在同一竖直面内目标方向与天顶方向之间的夹角,称为天顶距,通常用 Z 来表示。在测量工作中,竖直角和天顶距往往只需测出一个即可。它们之间的关系为 $Z = 90° - \beta$。

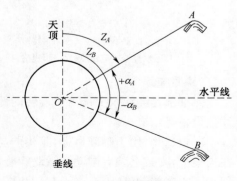

图 2.2 竖直角测量原理

2.2　角度测量的仪器和工具

角度测量可以通过经纬仪和全站仪测量而实现，经纬仪的作用主要是用来测量角度，而全站仪就是一台带数字经纬仪的智能测距仪。

2.2.1　经纬仪

经纬仪的主要功能是测量水平角和竖直角，另外通过水准尺辅助还可以测量视距和高差。

经纬仪依据读数方式的不同可分为两种类型：通过光学度盘的放大来进行读数的，称为光学经纬仪；采用电子学的方法来读数的，称为电子经纬仪。

我国的光学经纬仪按照精度分为 DJ_{07}、DJ_1、DJ_2、DJ_6 等级别。其中字母"D"为大地测量仪器的总代码，"J"为"经纬仪"的汉语拼音字母第一个字母，"07"、"1"、"2"及"6"等下标为该仪器一测回水平方向中误差的秒数。

由于经纬仪的精度等级、用途及生产厂家的不同，其具体部件和结构不尽相同，但基本原理和构造是一样的。下面主要介绍光学 DJ_6、DJ_2 和电子经纬仪原理。

2.2.2　光学经纬仪的构造和读数方法

1. DJ_6 光学经纬仪的构造

经纬仪主要由照准部、水平度盘和基座 3 部分组成，如图 2.3 所示。

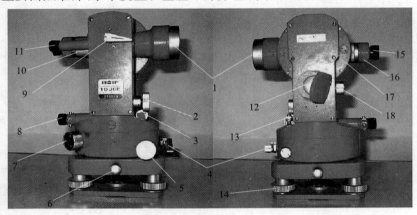

图 2.3　DJ_6 光学经纬仪构造

1—物镜；2—竖直微动螺旋；3—照准部水准管；4—水平制动螺旋；5—水平微动螺旋；6—锁紧手轮；
7—度盘配置手轮；8—光学对中器；9—竖直制动螺旋；10—调焦螺旋；11—读数显微镜；12—照明反光镜；
13—水准器调节螺旋；14—脚螺旋；15—目镜；16—分划板护罩；17—竖盘度盘；18—度盘变换手轮

（1）照准部

照准部是经纬仪上部可以旋转的部分，主要由望远镜、竖直度盘、水准器、光学对中器以及读数设备等组成。

①望远镜：用于瞄准目标，其构造与水准仪相似。它与横轴（又称水平轴）固连在一起安置在支架上，支架上装有制动和微动螺旋，以控制望远镜在竖直方向的转动。此外为了控制照准部水平方向转动，还装有水平制动和微动螺旋。

②竖直度盘（简称竖盘）：固定在横轴的一端，用于测量竖直角。竖盘随望远镜一起转动，而

竖盘读数指标不动,但可通过竖盘指标水准管微动螺旋作微小移动。调整此微动螺旋使竖盘指标水准管气泡居中(有许多经纬仪已用自动归零装置代替竖盘指标水准管),指标位于正确位置。

③水准器:圆水准器用作粗略整平,照准部水准管是用来整平仪器的。

④光学对中器:一组直角光路,用于仪器对中,使地面点与仪器中心重合。对中器的目镜既能推拉也能旋转,推拉能使测站点标记清晰,旋转使分划圈清晰。

⑤读数设备:读数设备包括一个读数显微镜、测微器以及光路中一系列的棱镜、透镜等,用来读取水平度盘和竖直度盘读数。

(2)水平度盘

水平度盘是由光学玻璃制成的精密刻度盘,分划从 $0°\sim360°$,按顺时针注记,每格 $1°$,用以测量水平角。

水平度盘上装有度盘变换手轮/转动手轮,能使水平度盘的零位置转到所需要的任意位置。在使用时将手轮推压进去再转动手轮,度盘才能随之转动。还有少数仪器采用复测装置。当复测扳手扳下时,照准部与度盘结合在一起,照准部转动,度盘随之转动,度盘读数不变;当复测扳手扳上时,两者相互脱离,照准部转动时就不再带动度盘,度盘读数就会改变。

(3)基座

基座呈三角形,用来支承整个仪器,并借助中心连接螺旋使经纬仪与脚架相连接。基座由一固定螺旋将基座和照准部连接在一起。使用时应检查固定螺旋是否旋紧。基座上还装有 3 个脚螺旋,一个圆水准器,用来粗平仪器。

职业贴士

在水平角测角过程中,为了角度计算方便,在观测之前,通常将起始方向(称为零方向)的水平度盘读数配置在 $0°$ 左右,为了改变水平度盘位置,仪器设有水平度盘转动装置。

2.DJ₆光学经纬仪读数方法

DJ₆光学经纬仪多数采用分微尺测微器读数方法。它结构简单,读数方便。图2.4所示读数显微镜内所看到的度盘和分微尺的影像,上面注有“H”(或水平)的为水平度盘读数窗,注有“V”(或竖直)的为竖直度盘读数窗。分微尺的长度等于度盘分划线间隔 $1°$ 的长度,分微尺分为 60 个小格,每小格为 $1'$。分微尺每 10 小格注有数字,表示 $0',10',20',\cdots,60'$,直接读到 $1'$,估读至 $0.1'$(把每格估分 10 份),再乘以 60,换算成秒数。

DJ₆级光学经纬仪读数时,秒值为估读位,将 $1'$ 目估分为 10 份,每份为 $6''$,故读得的角度秒值一定是 6 的倍数。

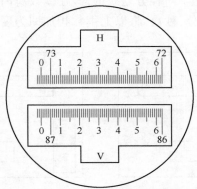

图 2.4　分微尺测微器读数窗

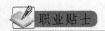职业贴士

　　读数时,只要看度盘哪一条分划线与分微尺相交,度就是这条分划线的注记数,分数则为这条分划线所指分微尺上的读数,再加上估读的秒数即为度盘读数。例如,在水平度盘的读数窗中,分微尺的分划线已超过73°,所以其数值,要由分微尺的0分划线至度盘上73°分划线之间有多少小格来确定,图2.4中为5格,故为05′00″。水平度盘的读数应是73°05′00″。同理,在竖直度盘的读数窗中,分微尺的0分划线超过了87°,读数应为87°05′00″。

2.2.3　DJ₂光学经纬仪

　　DJ₂级光学经纬仪与DJ₆级相比,其精度较高,常用于精密工程测量,如图2.5所示。

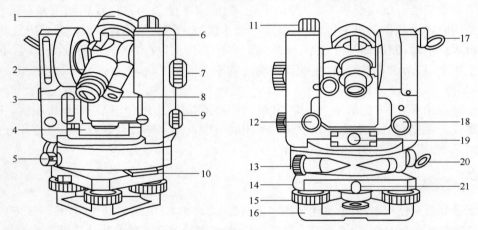

1—物镜;2—望远镜调焦筒;3—目镜;4—照准部水准管;5—照准部制动螺旋;6—粗瞄器;7—测微轮;
8—读数显微镜目镜;9—度盘换向手轮;10—水平度盘变换手轮;11—望远镜制动螺旋;12—望远镜微动螺旋;
13—照准部微动螺旋;14—基座;15—脚螺旋;16—基座底板;17—竖盘照明反光镜;18—竖盘指标补偿器开关;
19—光学对中器;20—水平度盘照明反光镜;21—轴座固定螺旋。

图2.5　DJ₂光学经纬仪构造

　　在结构上,比DJ₆级光学经纬仪增加了测微轮、换像手轮和竖直度盘反光镜,并且经纬仪的读数窗内,只能看到一个度盘影像。在DJ₂级光学测角时,需利用度盘换像手轮将度盘切换到相应的盘位。

　　在读数时,旋转测微轮使上下对径分划线重合,在读数窗内读出度数,在小方格中读出整10′数,在测微器读数窗中读出分、秒数,将以上读数相加即为度盘读数。如图2.6所示,读数为94°36′36.2″。

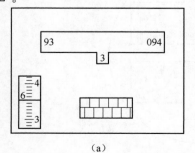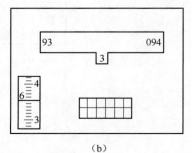

（a）　　　　　　　　　　　　　　　（b）

图2.6　DJ₂光学经纬仪读数窗

2.2.4　电子经纬仪

随着电子技术的高速发展,在光学经纬仪的基础上发展起来新一代测角仪器电子经纬仪,如图 2.7 所示,与光学经纬仪比较,主要不同之处在于度盘的读数系统和显示系统。电子经纬仪采用了光电扫描、自动计数及电子显示系统。另外,电子经纬仪的竖轴补偿器也采用了电子纠正方法,与光学经纬仪的补偿器有所区别。操作过程采用菜单或指令,实现了测角自动化、数字化,减少了读数误差,降低了劳动强度,提高了工作效率。

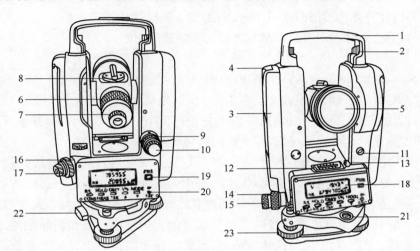

15. 电子经纬仪介绍

1—手柄;2—手柄固定螺钉;3—电池盒;4—电池盒按钮;5—物镜;6—物镜调焦螺旋;7—目镜调焦螺旋;8—光学瞄准器;9—望远镜制动螺旋;10—望远镜微动螺旋;11—光电测距仪数据接口;12—管水准器;13—管水准器校正螺钉;14—水平制动螺旋;15—水平微动螺旋;16—光学对中器物镜调焦螺旋;17—光学对中器目镜调焦螺旋;18—显示窗;19—电源开关键;20—显示窗照明开关键;21—圆水准器;22—轴套锁定钮;23—脚螺旋。

图 2.7　电子经纬仪

2.2.5　全站仪

全站仪,即全站型电子速测仪,是一种集光、机、电为一体的高技术测量仪器,是集水平角、垂直角、距离(斜距、平距)、高差测量功能于一体的测绘仪器系统。因其安置一次仪器就可完成该测站上全部测量工作,所以称之为全站仪。

全站仪与光学经纬仪比较,全站仪将光学度盘换为光电扫描度盘,将人工光学测微读数代之以自动记录和显示读数,使测角操作简单化,且可避免读数误差的产生。全站仪的自动记录、储存、计算功能以及数据通信功能,进一步提高了测量作业的自动化程度。

全站仪与光学经纬仪区别在于度盘读数及显示系统,全站仪的水平度盘和竖直度盘及其读数装置是分别采用两个相同的光栅度盘(或编码盘)和读数传感器进行角度测量的。根据测角精度可分为 0.5″、1″、2″、3″、5″、10″等等级。

1. 全站仪的构造

全站仪几乎可以用在所有的测量领域。全站仪由电源部分、测角系统、测距系统、数据处理部分、通信接口、显示屏、键盘等组成。同电子经纬仪、光学经纬仪相比,全站仪增加了许多特殊部件,使得全站仪具有比其他测角、测距仪器更多的功能,使用也更方便。这些特殊部件构成了全站仪在结构方面独树一帜的特点。

（1）同轴望远镜

全站仪的望远镜实现了视准轴、测距光波的发射、接收光轴同轴化。同轴化的基本原理是：在望远物镜与调焦透镜间设置分光棱镜系统，通过该系统实现望远镜的多功能，即可瞄准目标，使之成像于十字丝分划板，进行角度测量。同时其测距部分的外光路系统又能使测距部分的光敏二极管发射的调制红外光在经物镜射向反光棱镜后，经同一路径反射回来，再经分光棱镜作用使回光被光电二极管接收；为测距需要在仪器内部另设一内光路系统，通过分光棱镜系统中的光导纤维将由光敏二极管发射的调制红外光传也送给光电二极管接收，进而由内、外光路调制光的相位差间接计算光的传播时间，计算实测距离。同轴性使得望远镜一次瞄准即可实现同时测定水平角、垂直角和斜距等全部基本测量要素的测定功能。

（2）双轴自动补偿

全站仪特有的双轴（或单轴）倾斜自动补偿系统，可对纵轴的倾斜进行监测，并在度盘读数中对因纵轴倾斜造成的测角误差自动加以改正（某些全站仪纵轴最大倾斜可允许至 $\pm 6'$），也可通过将由竖轴倾斜引起的角度误差，由微处理器自动按竖轴倾斜改正计算式计算，并加入度盘读数中加以改正，使度盘显示读数为正确值，即纵轴倾斜自动补偿。

双轴自动补偿的所采用的构造：使用一水泡（该水泡不是从外部可以看到的，与检验校正中所描述的不是同一个水泡）来标定绝对水平面，该水泡是中间填充液体，两端是气体。在水泡的上部两侧各放置一发光二极管，而在水泡的下部两侧各放置一光电管，用于接收发光二极管透过水泡发出的光。然后通过运算电路比较两二极管获得的光的强度。当在初始位置，即绝对水平时，将运算值置零。当作业中全站仪器倾斜时，运算电路实时计算出光强的差值，从而换算成倾斜的位移，将此信息传达给控制系统，以决定自动补偿的值。

（3）键盘

键盘是全站仪在测量时输入操作指令或数据的硬件，全站型仪器的键盘和显示屏均为双面式，便于正、倒镜作业时操作。

（4）存储器

全站仪存储器的作用是将实时采集的测量数据存储起来，再根据需要传送到其他设备如计算机等中，供进一步的处理或利用，全站仪的存储器有内存储器和存储卡两种。全站仪内存储器相当于计算机的内存（RAM），存储卡是一种外存储媒体，又称 PC 卡，作用相当于计算机的磁盘。

（5）通信接口

全站仪可以通过 BS-232C 通信接口和通讯电缆将内存中存储的数据输入计算机，或将计算机中的数据和信息经通信电缆传输给全站仪，实现双向信息传输。

2. 全站仪的使用

全站仪具有角度测量、距离（斜距、平距、高差）测量、三维坐标测量、导线测量、交会定点测量和放样测量等多种用途。内置专用软件后，功能还可进一步拓展。

全站仪的基本操作与使用方法如下。

（1）水平角测量

①按角度测量键，使全站仪处于角度测量模式，照准第一个目标 A。

②设置 A 方向的水平度盘读数为 $0°00'00''$。

③照准第二个目标 B，此时显示的水平度盘读数即为两方向间的水平夹角。

（2）距离测量

①设置棱镜常数。测距前须将棱镜常数输入仪器中，仪器会自动对所测距离进行改正。

②设置大气改正值或气温、气压值。光在大气中的传播速度会随大气的温度和气压而变化，15℃和 1.013×10^5 Pa（760 mmHg）是仪器设置的一个标准值，此时的大气改正为 0。实测时，可输入温度和气压值，全站仪会自动计算大气改正值（也可直接输入大气改正值），并对测距结果进行改正。

③量仪器高、棱镜高并输入全站仪。

④距离测量。照准目标棱镜中心，按［测距］键，距离测量开始，测距完成时显示斜距、平距、高差。全站仪的测距模式有精测模式、跟踪模式、粗测模式三种。精测模式是最常用的测距模式，测量时间约 2.5 s，最小显示单位 1 mm；跟踪模式，常用于跟踪移动目标或放样时连续测距，最小显示一般为 1 cm，每次测距时间约 0.3 s；粗测模式，测量时间约 0.7 s，最小显示单位 1 cm 或 1 mm。在距离测量或坐标测量时，可按［测距］模式（［MODE］）键选择不同的测距模式。

（3）坐标测量

①设定测站点的三维坐标。

②设定后视点的坐标或设定后视方向的水平度盘读数为其方位角。当设定后视点的坐标时，全站仪会自动计算后视方向的方位角，并设定后视方向的水平度盘读数为其方位角。

③设置棱镜常数。

④设置大气改正值或气温、气压值。

⑤量仪器高、棱镜高并输入全站仪。

⑥照准目标棱镜，按坐标测量键，全站仪开始测距并计算显示测点的三维坐标。

3. 南方 NTS-350 系列全站仪的基本组成

现以南方 NTS-350 系列全站仪为例，说明全站站仪的基本组成。

（1）组成部件及名称

图 2.8 为南方 NTS-350 系列全站仪组成。

图 2.8　南方 NTS-350 系列全站仪组成

（2）键盘功能及信息显示

图 2.9 为南方 NTS-350 全站仪键盘及基本功能。

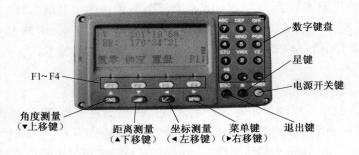

图 2.9　南方 NTS-350 全站仪键盘及基本功能

键盘符号：ANG ◢ ◪ MENU ESC POWER F1-F4 0-9

按键	名　称	功　　能
ANG	角度测量键	进入角度测量模式（▲上移键）
◢	距离测量键	进入距离测量模式（▼下移键）
◪	坐标测量键	进入坐标测量模式（◀左移键）
MENU	菜单键	进入菜单模式（▶右移键）
ESC	退出键	返回上一级状态或返回测量模式
POWER	电源开关键	电源开关
F1-F4	软键（功能键）	对应于显示的软键信息
0-9	数字键	输入数字和字母、小数点、负号
★	星键	进入星键模式

（3）信息显示的内容

图 2.10 为信息显示及内容。

显示符号	内　　　　　容
V%	垂直角（坡度显示）
HR	水平角（右角）
HL	水平角（左角）
HD	水平距离
VD	高差
SD	斜距
N	北坐标
E	东坐标
Z	高程
*	DEM（电子测距）正在进行
m	以米为单位
ft	以英尺为单位
fi	以英尺与英寸为单位

图 2.10　信息显示及内容

技能训练 3

经纬仪基本操作实训。

一、训练目的

①认识经纬仪的构造，熟悉经纬仪上各种螺旋的作用和相互关系。
②练习经纬仪的对中、整平瞄准、读数。

二、训练安排

按 6 人 1 个小组，每小组用具：经纬仪一台、测钎 2 根。

三、训练内容与训练步骤

1. 训练内容
每组每位同学完成经纬仪的整平、对中、瞄准、读数工作各一次。

2. 训练步骤
①经纬仪的安置。安置三脚架于测站点上，其高度大约在胸口附近，架头大致水平。打开仪器箱，双手握住仪器支架，将仪器从箱中取出置于架头上。一手紧握支架，一手拧紧连接螺旋。
②熟悉仪器各部件名称和作用。
③经纬仪的使用。
对中：调整对中器对光螺旋，看清测站点。一脚固定，移动三脚架的另外两个脚，使对中器中的十字丝对准测站点，踩紧三脚架，通过逐个调节三脚架腿高度使圆水准气泡居中。
整平：转动照准部，使水准管平行于任意一对脚螺旋，同时相对旋转这对脚螺旋，使水准管气泡居中；将照准部绕竖轴转动 90°，旋转第三只脚螺旋，使气泡居中，再转动 90°，检查气泡误差，直到小于刻划线的一格为止。对中整平应反复多次同时进行，一般是粗略对中、粗略整平（伸缩脚架）、精准对中、精准整平（调节脚螺旋）两次完成。
瞄准：用望远镜上瞄准器瞄准目标，从望远镜中看到目标，旋紧望远镜和照准部的制动螺旋，转动目镜螺旋，使十字丝清晰。再转动物镜对光螺旋，使目标影像清晰，转动望远镜和照准部的微动螺旋，使目标被单根竖丝平分，或将目标夹在双根竖丝中央，瞄准必须十分准确，否则等于目标方向没有照准。
读数：打开反光镜，调节反光镜使读数窗亮度适当，旋转读数显微镜的目镜，看清读数窗分划，根据使用的仪器用分微尺或测微尺读数。

3. 注意事项
按正确的方法寻找目标和进行瞄准，瞄准目标时，尽可能瞄准其底部。

四、训练报告

训练记录表

日期：_____　　仪器：_____　　观测者：_____　　记录者：_____

序　　号	部件名称	作　　用
1	水平微动螺旋	
2	望远镜制动螺旋	
3	竖直微动螺旋	

序　号	部件名称	作　用
4	竖盘指标水准管	
5	竖盘指标水准管微动螺旋	
6	照准部水准管	
7	度盘变换器（或复测按钮）	
8	管水准器	

2.3　经纬仪与全站仪的使用

2.3.1　经纬仪的使用

经纬仪的使用包括对中、整平、瞄准和读数 4 个步骤，前两步合在一起可称为经纬仪的安置。

1. 经纬仪的安置

经纬仪的安置包括对中和整平，对中的目的是使仪器的中心与测站点处在同一条铅垂线上，整平的目的是使仪器竖轴竖直，水平度盘处在水平状态。安置步骤如下：

（1）初步对中

①打开脚架，将脚架置于测站点正上方，使架头大致水平，把仪器置于脚架上，旋转光学对中器目镜调焦螺旋，使分划板上圆圈清晰，推或拉光学对中器使测站点清晰。

②使一条架腿固定，两手分别握住另外两条架腿，移动两条架腿，同时眼睛从光学对中器观察，使分划板圆圈对准测站点，并踩实三脚架。

（2）初步整平

调节架腿长度，使圆水准器气泡居中。

（3）精确整平

①旋转照准部，使水准管气泡与任意两个脚螺旋平行，同时相对旋转这两个脚螺旋，气泡移动方向与左手大拇指移动方向一致，使气泡居中[图 2.11(a)]。

②将照准部旋转 90°，用左手旋转另外一个脚螺旋，气泡移动方向与左手大拇指移动方向一致，使水准管气泡居中[图 2.11(b)]。

③将仪器旋转至任一位置，检查气泡是否居中，若有偏离，再重复步骤①、②，直至照准部旋转到任一位置时，气泡都居中。

16. 经纬仪的使用

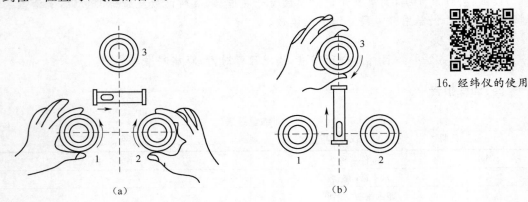

图 2.11　照准部管水准器整平方法

（4）精确对中

光学对中器检查测站点是否偏离分划板圆圈中心，若偏离，进行调节。

①松开三脚架连接螺旋，平移经纬仪，圆圈中心对准测站点后旋紧连接螺旋。

②重新检查整平，若水准管气泡偏离中心，重复步骤（3）、（4），直至整平与对中都满足条件。

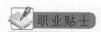

对中与整平是互为制约的，要反复进行，直到既对中又整平为止。对中误差不大于1 mm，整平误差不偏离一小格。

对中和整平工作是仪器操作使用的基础，必须掌握。任何测量角度或坐标的仪器，都需要对中和整平，如电子经纬仪、全站仪、GPS 等。

2. 瞄准

测角时的照准标志，一般是竖立在测点的标杆、测钎或觇牌等，如图 2.12 所示，测水平角时，瞄准是指用十字丝的竖丝精确瞄准标志。

（1）目镜调焦

松开望远镜制动螺旋，将望远镜指向天空或在物镜前放置一张白纸，旋转目镜，使十字丝分划板成像清晰。

（2）粗瞄目标

用望远镜上的粗瞄装置找到目标，再旋转调焦螺旋，使被测目标影像清晰；最后旋紧照准部制动螺旋。

（3）精确瞄准

旋转水平微动螺旋，精确对准目标，可用十字丝竖丝的单线平分目标，也可用双线夹住目标。测量水平角瞄准时应尽量对准目标底部，以防止由于目标倾斜而带来的瞄准误差。

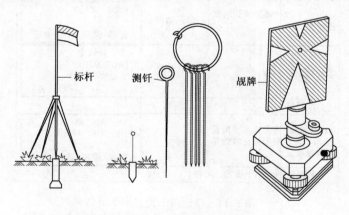

图 2.12　瞄准工具

3. 读数

读数时先打开度盘照明反光镜，并调整反光镜的开度和方向，使读数窗内明亮，旋转读数显微镜的目镜，使度盘和测微尺影像清晰，然后按前述的读数方法读数。

2.3.2　南方 NTS-350 系列全站仪的角度测量

1. 水平角右角和垂直角的测量

确认处于角度测量模式，按图 2.13 所示的操作步骤进行。

操作过程	操作	显示
①照准第一个目标A	照准A	V ：　82° 09′ 30″ HR：　90° 09′ 30″ 置零　锁定　置盘　P1↓
②设置目标A的水平角为 0°00′00″ 按 F1 (置零)键和 F3 (是)键	F1	水平角置零 　>OK? ---　---　[是]　[否]
	F3	V ：　82° 09′ 30″ HR：　0° 00′ 00″ 置零　锁定　置盘　P1↓
③照准第二个目标B，显示目标B的V/H	照准目标B	V ：　92° 09′ 30″ HR：　67° 09′ 30″ 置零　锁定　置盘　P1↓

图 2.13　测角步骤

2. 水平角的设置

(1)通过锁定角度值进行设置（确认处于角度测量模式 ）

图 2.14 为锁定角值设置水平角。

操作过程	操作	显示
①用水平微动螺旋转到所需的水平角	显示角度	V：　122° 09′ 30″ HR：　90° 09′ 30″ 置零　锁定　置盘　P1↓
②按 F2 (锁定)键	F2	水平角锁定 HR:¨ 90° 09′ 30″ >设置? ---　---　[是]　[否]
③照准目标	照准	
④按 F3 (是)键完成水平角设置 *1)，显示窗变为正常的角度测量模式	F3	V：　122° 09′ 30″ HR：　90° 09′ 30″ 置零　锁定　置盘　P1↓
*1) 若要返回上一个模式，可按 F4 (否)键		

图 2.14　锁定角值设置水平角

(2)通过置盘进行设置

在角度测量模式下，按[置盘]键，然后，直接输入要设计的角度，按[确定]键便可。

2.4 水平角的测量

水平角测量常用的方法有两种,即测回法和方向观测法(全圆观测法),只有两个方向的水平角的观测采用测回法观测,多于两个以上方向之间的水平角的观测采用方向观测法,但不论采用哪种观测方法,通常都要采用盘左和盘右各观测一次,取平均值得出结果。所谓盘左,又称正镜,就是当转动望远镜照准目标时,竖直度盘在望远镜的左边;所谓盘右,又称倒镜,就是竖直度盘在望远镜的右边。如果只用盘左或盘右对一个角度观测一次,称为半测回;如果只用盘左和盘右对一个角度各观测一次,称为一个测回。这样盘左盘右观测取平均值的方法,可以消除某些误差,提高观测结果的质量。

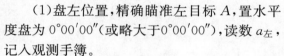

17. 角度测量

2.4.1 测回法

测回法用于观测两个方向之间的单角,如图 2.15 所示。

首先在 O 点安置仪器,对中整平,然后按以下步骤进行观测。

(1)盘左位置,精确瞄准左目标 A,置水平度盘为 $0°00'00''$(或略大于 $0°00'00''$),读数 $a_左$,记入观测手簿。

(2)松开水平制动螺旋,顺时针转动照准部,瞄准右目标 B,读取水平度盘读数 $b_左$,记入手簿,计算上半测回水平角 $\beta_上 = b_左 - a_左$,以上用盘左进行测角称为上半测回。

18. 测回法测量水平角

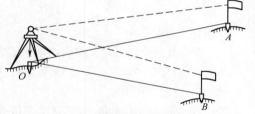

图 2.15 测回法观测水平角

(3)松开水平及竖直制动螺旋,变成盘右位置,瞄准右目标 B,读取水平度盘读数 $b_右$,逆时针旋转至左方目标 A,读数 $a_右$。计算下半测回水平角 $\beta_下 = b_右 - a_右$,以上用盘右进行测角称为下半测回。

(4)DJ$_6$ 级光学经纬仪盘左、盘右两个"半测回"角值之差不超过 $40''$,即 $|\beta_上 - \beta_下| \leqslant 40''$ 时,取其平均值为一测回角值,即

$$\beta = (\beta_上 + \beta_下)/2 \qquad (2.2)$$

19. 测回法水平角
测量记录计算

记录手簿见表 2.1。

表 2.1 测回法观测记录手簿

测站	竖盘位置	目标	水平度盘读数 (° ′ ″)	半测回角值 (° ′ ″)	一测回角值 (° ′ ″)	备注
O	左	A	0 03 06	55 44 48	55 44 54	
		B	55 47 54			
	右	A	180 03 18	55 45 00		
		B	235 48 18			

当测角精度要求较高时,往往要测几个测回,为了减少度盘分划误差的影响,各测回间应根据测回数按 $180°/n$ 改变起始方向读数。如观测 4 个测回,$180°/4=45°$,第一测回盘左时起始方向的读数应置在 $0°$ 稍大些,第二测回盘左时起始方向的读数应置在 $45°$ 左右,第三测回盘

左时起始方向的读数应置在 90°左右，第四测回盘左时起始方向的读数应置在 135°左右。

 职业贴士

水平度盘读数在一测回中，只在最开始盘左目标时调一次，上、下半测回观测过程中，不得再次变换水平度盘读数。

半测回水平角的计算，不论是盘左还是盘右都是右目标读数减去左目标读数，而不是大数减小数。

2.4.2　方向观测法

在一个测站上需要观测两个以上的方向时，一般采用方向观测法。

1. 观测步骤

如图 2.16 所示，O 点为测站点，A、B、C、D 为 4 个目标点，欲测定 O 到各方向之间的水平角，观测步骤如下。

（1）盘左观测

选择方向中一明显目标，如 A 作为起始方向（或称零方向），精确瞄准 A，将水平度盘配置在 0°或略大于 0°，并读取读数记入手簿。

顺时针方向依次瞄准 B、C、D，读取读数记入手簿中。

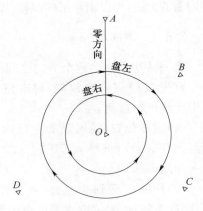

图 2.16　方向观测法观测水平角

再次瞄准 A，读取水平度盘读数，此次观测称为归零（A 方向两次水平度盘读数之差称为半测回归零差）。

（2）盘右观测

按逆时针方向依次瞄准 A、D、C、B、A，读取水平度盘读数，记入手簿中，检查半测回归零差。

如果要观测多个测回，每测回仍应按 $180°/n$ 的差值变换水平度盘的起始位。

2. 记录与计算

表 2.2 为方向观测法记录手簿。盘左各目标读数从上往下记录，盘右各目标读数按从下往上的顺序记录。

（1）归零差计算

半测回中零方向有两次读数，两次读数之差为半测回归零差。

（2）两倍视准轴误差 2C 的计算

同一方向盘左读数减去盘右读数±180°，称为两倍照准误差，简称 2C。

（3）各方向平均读数计算

$$平均读数＝[盘左读数＋（盘右读数±180°）]/2$$

由于起始方向 OA 有两个平均读数，故应再取平均值作为 OA 方向的准确值（又称正式起始读数），并计入"平均读数"一栏的上方括号内，写在表中括号内。

（4）归零后方向值计算

计算归零方向值：将计算出的各方向的平均读数分别减去起始方向 OA 的两次平均读数

（括号内之值），即得各方向的归零方向值。

表 2.2　方向观测法记录手簿

测站	测回	目标	水平度盘读数		2C	平均读数	归零方向	各测回平均归零方向值
			盘左	盘右				
			(° ′ ″)	(° ′ ″)	(″)	(° ′ ″)	(° ′ ″)	(° ′ ″)
O	1	A	0 02 42	180 02 42	0	(0 02 38) 0 02 42	0 00 00	0 00 00
		B	60 18 42	240 18 30	12	60 18 36	60 15 58	60 15 56
		C	116 40 18	296 40 12	6	116 40 15	116 37 37	116 37 28
		D	185 17 30	5 17 36	6	185 17 33	185 14 55	185 14 47
		A	0 02 30	180 02 36	6	0 02 33		
	2	A	90 01 00	270 01 06	6	(90 01 09) 90 01 03	00 00 00	
		B	150 17 06	330 17 00	6	150 17 03	60 15 54	
		C	206 38 30	26 38 24	6	206 38 27	116 37 18	
		D	275 15 48	95 15 48	6	275 15 48	185 14 39	
		A	90 01 12	270 01 18	6	90 01 15		

（5）各测回归零后平均方向值计算

当一个测站观测两个或两个以上测回时，应将各测回同一方向的归零方向值进行比较，其差值不应大于表 2.3 规定。

表 2.3　方向观测法各项限差

仪　器	半测回归零差(″)	一测回内2C互差(″)	同一方向值各测回互差(″)
DJ₂	12	18	12
DJ₆	18	—	24

若检查结果符合要求，取各测回同一方向归零方向值的平均值作为该方向的最后结果。

（6）水平角计算

如果欲求水平角值，只需将相关的两平均归零方向值相减即可得到。

技能训练 4

测回法水平角测量实训。

一、训练目的

①练习经纬仪的对中、整平瞄准、读数。
②掌握测回法。

二、训练安排

按 6 人 1 个小组，每小组用具：经纬仪一台、测钎 2 根。

三、训练内容与训练步骤

1. 训练内容

每组用测回法完成 2 个水平角的观测任务。

2. 训练步骤

①盘左瞄准左边目标 A，进行读数记 a_1，顺时针方向转动照准部，瞄准右边目标 B，进行读数记 b_1，则

$$计算上半测回角值 \ \beta_左 = b_1 - a_1$$

②盘右纵转望远镜 $180°$，瞄准右边目标 B，进行读数记 b_2，逆时针方向转动照准部瞄准目标 A，进行读数记 a_2，计算下半测回角值 $\beta_右 = b_2 - a_2$。

③检查上、下半测回角值互差是否超限 $\pm 30''$，计算一测回角值。

3. 注意事项

①测回法测角时的限差要求若超限，则应立即重测。

②注意测回法测量的记录格式。

③在操作中，千万不要将轴座连接螺旋当成水平制动螺旋而松开。

四、训练报告

水平角测量记录表（测回法）

日期：_____　仪器：_____　观测者：_____　记录者：_____

测站	目标	盘位	水平度盘读数	角值	平均角值	备注
O	A	左				
	B					
	A	右				
	B					

2.5　竖直角的测量

2.5.1　竖直度盘的构造

DJ_2、DJ_6 型光学经纬仪竖直度盘（竖盘）的构造如图 2.17 所示，主要是由竖盘、竖盘指标水准管和竖盘指标水准管微动螺旋等组成。

竖盘固定在望远镜横轴的一端，其面与横轴垂直。望远镜绕横轴旋转时，竖盘亦随之转动，而竖盘指标不动。竖盘的注记形式有顺时针与逆时针两种。当望远镜视线水平，竖盘指标水准管气泡居中时，盘左竖盘读数应为 $90°$，盘右竖盘读数则为 $270°$。竖盘指

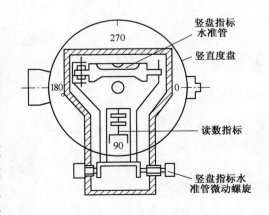

图 2.17　竖直度盘的构造

标是测微尺的零分划线,竖盘指标与竖盘指标水准管固连在一起,当旋转竖盘指标水准管微动螺旋使指标水准管气泡居中时,竖盘指标即处于正确位置。

2.5.2　竖直角计算公式

由竖直角的观测原理可知,竖直角等于视线倾斜时的目标读数与视线水平时读数之差。在计算时,哪个是减数,哪个是被减数,则应根据所用仪器的竖盘注记形式确定。下面以广泛采用的全圆顺时针注记的竖盘为例,推导出竖直角的计算公式,如图 2.18 所示。

在图 2.18(a)中,盘左位置,视线水平时竖直度盘的读数为 $90°$,当望远镜逐渐抬高(仰角),竖盘读数 L 在减小,则盘左竖直角为

$$\alpha_左 = 90° - L \tag{2.3}$$

同理,在图 2.18(b)中,盘右位置,视线水平时竖直度盘的读数为 $270°$,当望远镜逐渐抬高(仰角),竖盘读数 R 在增大,则盘右竖直角为

$$\alpha_右 = R - 270° \tag{2.4}$$

盘左、盘右读数取平均值,则一测回的竖直角值为

$$\alpha = (\alpha_左 + \alpha_右)/2, \quad \alpha = (R - L - 180°)/2$$

视线下俯时,上述计算公式同样适用。

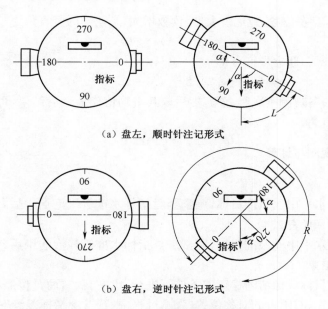

(a) 盘左,顺时针注记形式

(b) 盘右,逆时针注记形式

图 2.18　竖直角观测原理

2.5.3　竖盘指标差

当视线水平时,盘左竖盘读数为 $+90°$,盘右为 $270°$。竖盘读数不恰好指在 $90°$ 或 $270°$,而是与 $90°$ 或 $270°$ 相差一个小角度 x,x 称为竖盘指标差(图 2.19)。竖盘指标的偏移方向与竖盘注记增加方向一致时,x 值为正,反之为负。

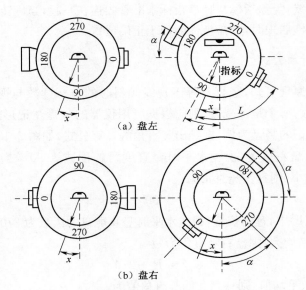

图 2.19　竖盘指标差

在图 2.19(a)中,盘左位置,望远镜上仰,读数减小,则正确的竖直角为

$$\alpha = 90° - (L - x) \tag{2.5}$$

在图 2.19(b)中,盘左位置,望远镜上仰,读数增大,则正确的竖直角为

$$\alpha = (R - x) - 270° \tag{2.6}$$

将式(2.5)和式(2.6)联立求解可得

$$x = (\alpha_左 + \alpha_右)/2 = (R + L - 360°)/2 \tag{2.7}$$

可见用盘左、盘右各观测一次竖直角,然后取其平均值作为最后结果,可以消除指标差的影响,获得正确的竖直角。

2.5.4　竖直角观测与计算

观测步骤如下。

①在盘左位置用水平中丝照准目标,调整竖盘指标水准管气泡居中后,读取竖盘读数 L,记入手簿(表 2.4)。

②在盘右位置用水平中丝照准目标,调整竖盘指标水准管气泡居中后,读取竖盘读数 R,记入手簿,测回观测结束。

竖直角测定应在目标成像清晰稳定的条件下进行;盘左、盘右两盘位照准目标时,其目标成像应分别位于竖丝左、右附近的对称位置;观测过程中,若发现指标差绝对值大于 30″ 时,应予以校正;DJ$_2$ 级经纬仪竖盘指标差的变化范围不应超过 ±15″。

20. 竖直角测量

表 2.4　竖直角观测记录手簿

测站	目标	盘位	竖盘读数			半测回竖直角			指标差	一测回竖直角			备注
			(°	′	″)	(°	′	″)	(″)	(°	′	″)	
O	A	左	85	35	36	4	24	24	−6	+4	24	18	顺时针
		右	274	24	12	4	24	12					注记竖盘
	B	左	127	03	42	−37	03	42	3	−37	03	39	
		右	232	56	24	−37	03	36					

技能训练 5

竖直角测量实训。

一、训练目的

①掌握竖直角的概念,并会使用经纬仪观测竖直角。
②学会竖直度盘的读数方法。
③学会用测回法观测竖直角并掌握观测数据的处理方法。

二、训练安排

按 6 人 1 个小组,每小组用具:DJ₆ 光学经纬仪一台及配套设施。

三、训练内容与训练步骤

1. 训练内容
每组用测回法完成 2 个观测竖直角。
2. 训练步骤
①在指定地点安置经纬仪,并进行对中、整平转动望远镜,观察竖直读数的变化规律写出竖直角的计算公式。
②盘左:瞄准目标,用十字丝横线切于目标某一部位(事先确定好);转动竖盘指标水准管微动螺旋,使指标水准管气泡居中;读取竖盘读数,计算竖直角。
③盘右:同法观测、记录、计算。
④计算上、下半测回竖直角的平均值。检查各测回竖直角互差是否超限。计算同一目标各测回竖直角的平均值。
3. 注意事项
①观测过程中,对同一目标应用十字丝横丝切准同一部位。每次读数前应使竖盘指标水准管气泡居中。
②计算竖直角时应注意正、负号。同一目标各测回竖直角互差≤25″。
③在操作中,千万不要将轴座连接螺旋当成水平制动螺旋而松开。

四、训练报告

竖直角观测记录表

仪器号码:＿＿＿＿＿　　　天　气:＿＿＿＿＿　　观测者:＿＿＿＿＿
日　期:＿＿＿＿＿　　　呈　像:＿＿＿＿＿　　记录者:＿＿＿＿＿

测站	目标	竖盘位置	竖盘读数 (° ′ ″)	半测回竖直角 (° ′ ″)	一测回竖直角 (° ′ ″)	备　注

2.6　角度测量的误差

2.6.1　角度测量误差

1. 仪器误差

仪器误差包括三轴误差（视准轴误差、横轴误差、竖轴误差）、仪器构件偏心差和度盘分划误差等。

（1）视准轴误差：视准轴不与横轴垂直的情况会产生视准轴误差，常用 C 来表示。测量时，观测采用盘左盘右观测法，若盘左观测视准轴误差 C 为正值，则盘右观测 C 为负值。在盘左盘右观测取水平方向平均值时，视准轴误差 C 的影响被抵消，亦视准轴误差被抵消。

（2）横轴误差：这种误差表现在横轴不垂直于竖轴。

（3）竖轴误差：竖轴不平行垂线而形成的误差。

（4）仪器构件偏心差：主要是照准部偏心差和度盘偏心差。

（5）度盘分划误差：包括有长周期误差和短周期误差。在工作上要求多测回观测时，各测回配置不同的度盘位置，其观测结果可以削弱度盘分划误差的影响。

2. 观测误差

（1）仪器对中误差的影响

安置经纬仪时，测站点的对中不够准确所引起的观测水平角的误差，称为仪器对中误差。为了仪器消除或减小中误差对水平角的影响，对短边测角必须十分注意仪器的对中。

（2）目标偏心误差的影响

目标偏心误差是由于目标点上所竖立的目标与地面点的标志中心不在同一铅垂线上所引起的测角误差。为了减少目标偏心对水平角观测的影响，作为照准目标的标杆应竖直，并尽量照准标杆的底部。对于短边，照准目标最好采用垂球线或测钎。边长愈短，愈应注意目标的偏心误差。

（3）瞄准误差的影响

瞄准目标的精确度，与人眼的分辨率 P 及望远镜的放大倍率 V 有关，在实际操作中对光时视差未消除，或者目标构形和清晰度不佳，或者瞄准的位置不合理，实际的瞄准误差可能要大得多。因此，在观测中，选择较好的目标构形，做好对光和瞄准工作，是减少瞄准误差影响的基本方法。

（4）读数误差的影响

读数装置的质量、照明度以及读数判断准确性等，是产生读数误差的原因。

3. 外界环境的影响

外界环境的影响包括：大气密度、大气透明度的影响；目标相位差、旁折光的影响；温度湿度的影响等。

外界环境对测角精度的影响，主要表现在观测目标成像的质量、观测视线的弯曲、觇牌或脚架的扭转等方面。

2.6.2　角度观测的注意事项

保证测角的精度,满足测量的要求。

(1)观测前应先检验仪器,发现仪器有误差应立即进行校正,并采用盘左、盘右取平均值和用十字丝交点照准等方法,减小和消除仪器误差对观测结果的影响。

(2)安置仪器要稳定,脚架应踏牢,对中整平应仔细,短边时应特别注意对中,在地形起伏较大的地区观测时,应严格整平。

(3)目标处的标杆应竖直,并根据目标的远近选择不同粗细的标杆。

(4)观测时应严格遵守各项操作规定。例如,照准时应消除视差;水平角观测时,切勿误动度盘;竖直角观测时,应在读取竖盘读数前,显示指标水准管气泡居中等。

(5)水平角观测时,应以十字丝交点附近的竖丝照准目标根部。竖直角观测时,应以十字丝交点附近的横丝照准目标顶部。

(6)读数应准确,观测时应及时记录和计算。

(7)各项误差应在规定的限差以内,超限必须重测。

2.7　经纬仪的检验与校正

2.7.1　经纬仪的轴线及轴线间应满足的几何条件

经纬仪在使用之前要经过检验,必要时应对可调部件进行校正。通常经纬仪检验和校正的是主要轴线间的几何关系。

如图 2.20 所示,经纬仪的主要轴线有:望远镜的视准轴 CC、仪器的旋转轴竖轴 VV、望远镜的旋转轴横轴 HH 和水准管轴 LL,各轴线之间应满足以下条件。

1. $LL \perp VV$

仪器在装配时,已保证水平度盘与竖轴相互垂直,因此只要竖轴竖直,水平度盘就处在水平位置。竖轴的竖直是通过照准部水准管气泡居中来实现的,故要求水准管轴垂于竖轴,即 $LL \perp VV$。

2. $CC \perp HH$

测角时望远镜绕横轴旋转,视准轴所形成的面(视准面)应为竖直的平面,这要通过两个条件来实现,即视准轴应垂直于横轴,$CC \perp HH$,以保证视准面成为平面。

3. $HH \perp VV$

横轴应垂直于竖轴,$HH \perp VV$。在竖轴竖直时,横轴即水平,视准面就成为竖直的平面。

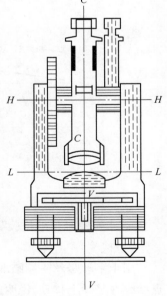

图 2.20　经纬仪的轴线

4. 十字丝竖丝垂直于横轴 HH

测角时要用十字丝瞄准目标,故应使十字丝竖丝垂直于横轴 HH。

5. 光学对中器的光学垂线与竖轴重合

如果使用光学对中器对中,则要求光学对中器的光学垂线与竖轴重合。

2.7.2　经纬仪的检验与校正

1. 照准部水准管轴的检验与校正

（1）检验

先整平仪器，照准部水准管平行于任意一对脚螺旋，转动该对角螺旋使气泡居中，再将照准部旋转 180°，若气泡仍居中，说明此条件满足，否则需要校正。

（2）校正

如图 2.21（a）所示，水准管水平，但竖轴倾斜，设其与铅垂线的夹角为 α。将照准部旋转 180°，如图 2.21（b）所示，水准管与水准面的夹角为 2α，通过气泡中心偏离水准管零点的格数表现出来。改正时，用校正针拨动水准管一端的校正螺丝，先松一个后紧一个，使气泡退回偏离格数的一半[图 2.21（c）]，再转动脚螺旋使气泡居中[图 2.21（d）]。复检验校正，直到水准管在任何位置时气泡偏离量都在一格以内。

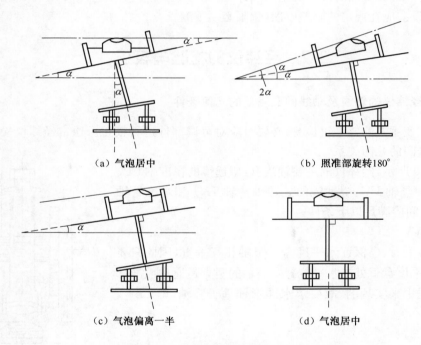

（a）气泡居中　　　　　　　　　（b）照准部旋转180°

（c）气泡偏离一半　　　　　　　　（d）气泡居中

图 2.21　照准部水准管的检验与校正

2. 十字丝竖丝的检验与校正

（1）检验

用十字丝竖丝一端瞄准细小点状目标转动望远镜微动螺旋，使其移至竖丝另一端，若目标点始终在竖丝上移动，说明此条件满足，否则需要校正[图 2.22（a）]。

（2）校正

旋下十字丝分划板护罩[图 2.22（b）]，用小改锥松开十字丝分划板的固定螺钉，微微转动十字丝分划板，使竖丝端点至点状目标的间隔减小一半，再返转到起始端点。再进行上述检验校正，直到无显著误差为止，最后将固定螺钉拧紧。

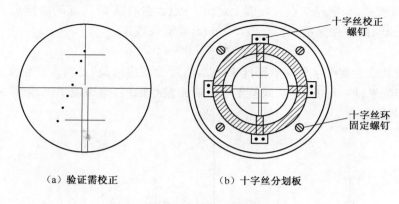

（a）验证需校正　　　　　　　（b）十字丝分划板

图 2.22　十字丝的检验与校正

3. 视准轴的检验与校正

（1）方法一

检验：盘左瞄准远处与仪器同高点 A，读取水平度盘读数 $\alpha_左$，倒转望远镜盘右再瞄准 A 点，读取水平度盘读数 $\alpha_左 = \alpha_右 \pm 180°$，说明此条件已满足，若差值超过 $2'$，则需要校正（图 2.23）。

校正：计算正确读数 $\alpha'_右 = [\alpha_右 + (\alpha_左 \pm 180°)]/2$，转动水平微动螺旋，使水平度盘读数为 $\alpha_右$，此时目标偏离十字丝交点，用校正针拨动十字丝环左、右校正螺旋，使十字丝交点对准 A 点。如此重复检验校正，直到差值在 $2'$ 内为止。最后旋上十字丝分划板护罩。

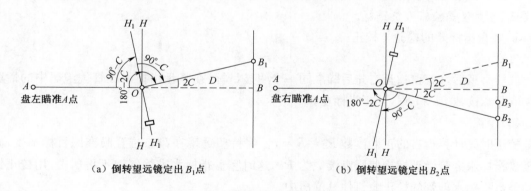

（a）倒转望远镜定出 B_1 点　　　　　　　（b）倒转望远镜定出 B_2 点

图 2.23　视准轴的检验与校正

（2）方法二

检验：在平坦场地选择相距 100 m 的 A、B 两点，仪器安置在两点中间的点，在 A 点设置和经纬仪同高的点标志（或在墙上设同高的点标志），在 B 点设一根水平尺，该尺与仪器同高且与 OB 垂直。检验时用盘左瞄准 A 点标志，固定照准部，倒转望远镜，在 B 点尺上定出 B_1 点的读数，再用盘右同法定出 B_2 点读数。若 B_1 与 B_2 重合，说明此条件满足，否则需要校正。

校正：在 B_1、B_2 点间 1/4 处定出 B_3 读数，使 $B_3 = B_2 - (B_2 - B_1)/4$。拨动十字丝左、右校正螺旋，使十字丝交点与 B_3 点重合。如此反复检校，直到 $B_1B_2 \leqslant 2$ cm 为止。最后旋上十字丝分划板护罩。

4. 横轴的检验与校正

（1）检验

在离建筑物 10 m 处安置仪器（图 2.24），盘左瞄准墙上高目标点标志 P（垂直角大于

30°)，将望远镜放平，十字丝交点投在墙上定出 P_1 点。盘右瞄准 P 点同法定出 P_2 点。若 P_1、P_2 点重合，则说明此条件满足；若 $P_1P_2 > 5$ mm，则需要校正。

（2）校正

用水平微动螺旋使十字丝交点瞄准 P_M 点，然后抬高望远镜，此时十字丝交点必然偏离 P 点。打开支架处横轴一端的护盖，调整支承横轴的偏心轴环，抬高或降低横轴一端，直至十字丝交点瞄准 P 点。

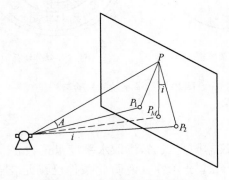

图 2.24　横轴的检验与校正

经纬仪的横轴是密封的，一般能保证横轴与竖轴的垂直关系，故使用时只需进行检验，如需校正，可由仪器检修人员进行。

5. 竖盘指标差的检验与校正

（1）检验

仪器整平后，以盘左、盘右先后瞄准同一个明显目标，在竖盘指标水准管气泡居中的情况下读取竖盘读数 L_0 和 R_0，计算指标差。

（2）校正

校正时先计算盘右的正确读数 $R_0 = R - x$。保持望远镜在盘右位置瞄准原目标不变，旋转竖盘指标水准管微动螺旋使竖盘读数为 R_0，这时竖盘指标水准管气泡不再居中，用校正针拨动竖盘指标水准管的校正螺钉使气泡居中。

此项校正需反复进行，直至指标差 x 不超过限差为止。

6. 光学对中器的检验与校正

为使对中器的光轴与竖轴重合，必须要校正对中器（否则当仪器瞄准时，竖轴不是处于真正的定位点上）。

（1）检验

①观测对中器并调整仪器位置，使地面点标记成像于分划板的中心点。

②绕竖轴转动仪器 180°，进行检查，如果中心标记仍在圆的中心，就无须调整，否则应按下列方法进行调整。

（2）校正

①逆时针方向旋转取下校正螺钉保护盖，用校针调整 4 个螺钉，使中心标记朝中心圆方向移动，移动距离为偏移量的 1/2。

②平移仪器使仪器地面点标记移到中心圆内。

③转动仪器 180°，观测地面点标记，若处于中心圆的中心则表明校正完毕，否则要重复以上校正步骤。

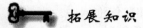 职业贴士

要调整分划板位置，应先松动一边的调整螺钉，然后根据松开量拧紧另一边的调整螺钉，逆时针为松动螺钉，顺时针为拧紧螺钉，松和紧的转动应尽可能小一些。校正工作必须反复进行，直到满足要求。

拓展知识

精密水平角测量误差分析

（1）外界条件影响

①大气密度的变化和大气透明度对目标成像质量的影响主要包括：大气密度的变化对目标成像稳定性的影响；大气透明度对目标成像清晰的影响，为此应选择有利的观测时间，一般晴天在日出 1 小时后的 1～2 小时内和下午 3～4 点钟到日落前 1 小时为最佳观测时间。

②水平折光的影响：视线避免靠近平行山坡，大河方向，选择有利的观测时间。

③照准目标的相位差：采用微相位照准圆筒，上下午各观测半数测回。

④温度变化对视准的影响：采用按时间对称排列的观测程序观测。上半测回顺时针，下半测回逆时针。

⑤外界条件对觇标内架稳定性的影响：主要是温度变化造成。采用按时间对称排列的观测程序观测。上半测回顺时针，下半测回逆时针。

（2）仪器误差的影响

①水平度盘位移的影响：旋转时仪器弹性扭曲造成度盘微小位移，上半测回顺时针，下半测回逆时针。

②照准部旋转不正确的影响：竖轴与轴套间隙过小或过大。照准部偏心差，测微器行差。重合法读数。

③照准部水平微动螺旋作用不正确的影响：测微器弹簧不能及时到位。照准时，微动螺旋最后为旋进方向。

④垂直微动螺旋作用不正确的影响照准时，不使用垂直微动，直接手动照准。

（3）照准和读数误差的影响

认真操作，重合法读数，多测回观测。

（4）精密水平角测量的原则

根据前面所列的各种因素对测角精度的影响规律，为了最大限度地减弱或消除各种误差的影响。在精密测角时应遵循下列原则：

①观测应在目标成像清晰、稳定的有利于观测的时间进行，以提高照准精度和减小旁折光的影响。

②观测前应认真调好焦距，消除视差。在一测回的观测过程中不得重新调焦，以免引起视准轴的变动。

③各测回的起始方向应均匀地分配在水平度盘和测微分划尺的不同位置上，以消除或减

弱度盘分划线和测微分划尺的分划误差的影响。

④在上、下半测回之间倒转望远镜，以消除和减弱视准轴误差、水平轴倾斜误差等影响，同时可以由盘左、盘右读数之差求得两倍视准误差 $2C$，借以检核观测质量。

⑤上、下半测回照准目标的次序应相反，并使观测每一目标的操作时间大致相同，即在一测回的观测过程中，应按与时间对称排列的观测程序，其目的在于消除或减弱与时间成比例均匀变化的误差影响，如觇标内架或三脚架的扭转等。

⑥为了克服或减弱在操作仪器的过程中带动水平度盘位移的误差，观测前照准部按规定的转动方向先预转 1～2 周。

⑦使用照准部微动螺旋和测微螺旋时，其最后旋转方向均应为旋进。

⑧为了减弱垂直轴倾斜误差的影响，观测过程中应保持照准部水准器气泡居中。当使用 DJ_1 型和 DJ_2 型经纬仪时，若气泡偏离水准器中央一格时，应在测回间重新整平仪器，这样可以使观测过程中垂直轴的倾斜方向和倾斜角的大小具有偶然性，可望在各测回观测结果的平均值中减弱其影响。

 小结

本章主要介绍了水平角和竖直角的测量工作原理和方法。角度测量是基本的测量工作，介绍了经纬仪的使用和测角方法。

 复习思考题

1. 什么是水平角？用经纬仪照准同一竖直面内不同高度的两目标时，其水平度盘的读数是否相同？

2. 什么是竖直角？照准某一目标时，若经纬仪高度不同时，则该点的竖直角是否一样？

3. 正确使用经纬仪的步骤是什么？

4. 简述用测回法和方向观测法测量水平角的操作步骤及各项限差要求。

5. 经纬仪有哪些轴线？各轴线之间应满足什么关系？

6. 采用盘左与盘右观测水平角时，能消除哪些仪器误差？

7. 水平角测量的误差来源有哪些？在观测时应如何消除或减弱这些误差的影响？

 复习测试题

1. 表 2.5 为某测站测回法观测水平角的记录，试在表 2.5 中计算出所测的角度值。

表 2.5　测回法观测水平角记录簿

测站	竖盘位置	目标	水平度盘读数 (° ′ ″)	半测回角值 (° ′ ″)	一测回角值 (° ′ ″)	各测回角 (° ′ ″)	备注
O	左	A	0 01 06				
		B	112 48 54				
	右	A	180 01 36				
		B	292 49 06				

续上表

测站	竖盘位置	目标	水平度盘读数 (° ′ ″)	半测回角值 (° ′ ″)	一测回角值 (° ′ ″)	各测回角 (° ′ ″)	备注
O	左	A	90 03 24				
		B	202 50 48				
	右	A	270 03 06				
		B	22 51 00				

2. 表 2.6 为某测站竖直角的观测记录，试在表中计算出所测的角度值。

表 2.6　竖直角观测记录簿

测站	竖盘位置	目标	水平度盘读数 (° ′ ″)	半测回角值 (° ′ ″)	一测回角值 (° ′ ″)	各测回角 (° ′ ″)	备注
O	左	A	81 21 42				
		B	278 38 12				
	右	A	96 43 24				
		B	263 16 30				

3. 方向观测法观测水平角的数据列于表 2.7 中，试进行各项计算。

表 2.7　方向观测法观测水平角记录簿

测站	测回	目标	水平度盘读数		2C	平均读数 (° ′ ″)	归零方向 (° ′ ″)	各测回平均归零方向值 (° ′ ″)
			盘左 (° ′ ″)	盘右 (° ′ ″)				
1	2		3	4		8	6	7
1	O	A	0 01 06	180 01 24				
		B	91 27 48	271 27 30				
		C	153 31 18	153 31 00				
		D	214 46 30	34 46 06				
		A	0 01 24	180 01 18				
2	O	A	90 01 24	270 01 18				
		B	181 27 54	1 27 36				
		C	243 31 30	243 31 00				
		D	304 6 48	124 46 24				
		A	90 01 36	270 01 36				

第3章 距离测量

距离是指两点之间的直线长度。距离有平距和斜距之分。平距，即水平距离，是指两点间连线垂直投影在水平面上的长度；斜距，即倾斜距离，是指不在同一水平面上的两点间连线的长度。距离测量是测量工作的基本任务之一。

距离测量常采用的方法有钢尺量距、视距测量、电磁波测距、GPS测量等。本章主要介绍钢尺量距、视距测量、电磁波测距的基本原理和方法。

3.1 钢尺量距

21. 距离测量

钢尺量距是利用经鉴定合格的钢尺直接量测地面两点之间的距离，又称距离丈量；它使用的工具简单，又能满足工程建设必须的精度，是工程测量中最常用的距离测量方法之一。钢尺量距按按精度要求不同，分为一般量距和精密量距。

3.1.1 量距工具

1. 主要工具

（1）钢尺

钢尺是由低碳钢的薄钢带制成，钢尺一般宽度为 10～15 mm、厚度约为 0.4 mm，基本分划为厘米，每分米、每米处有数字注记。一般钢尺在起点处一分米内刻有毫米分划；有的钢尺，整个尺长内都刻有毫米分划。其主要分类有以下几种。

①按照量程划分：有 20 m 钢尺、30 m 钢尺、50 m 钢尺等。

②按照零刻线的位置划分：有端点尺和刻线尺。端点尺是钢尺的最外端作为尺子零点；刻线尺是尺子零点位于钢尺内部，如图 3.1 所示。使用钢尺时必须注意钢尺的零点位置，以免发生错误。

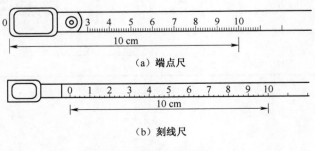

（a）端点尺

（b）刻线尺

图 3.1　端点尺与刻线尺

③按照卷放的位置划分:架式和盒式,如图 3.2 所示。

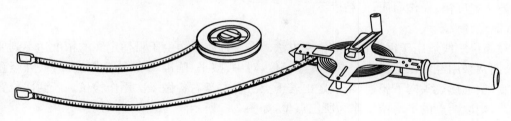

图 3.2　钢尺

(2)皮尺

用于低精度量距,伸缩较大,有 20 m 皮尺、30 m 皮尺、50 m 皮尺。基本分划为厘米,每分米、每米处有数字注记。适用于精度要求不高的距离丈量。

2. 其他辅助工具

图 3.3 为辅助工具。

①花杆(标杆):长 2 m 或 3 m。20 cm 红白相间用于显示目标,主要在直线定线中使用。

②测纤:确定尺端点位置,用于标定尺段。

③垂球:用于倾斜地面距离丈量的附属工具,主要用来对点、标点和投点。

④弹簧秤:用于钢尺量距精密方法控制拉力。

⑤温度计:用于钢尺量距精密方法控制环境温度。

图 3.3　辅助工具

职业贴士

钢尺量距是用钢卷尺直接丈量距离,其量距精度可达 1/25 000～1/2 000。在光电测距仪未出现之前,钢尺量距是使用最为广泛的一种量距方法,目前也仍让被广泛使用着。

3.1.2　直线定线

1. 定义

在量距过程中,两点距离过长,使用一整尺无法丈量完,因此在两直线之间标出一些点,分段丈量,这个过程称为直线定线。

2. 方法

常用的方法有两种:标杆目测定线和经纬仪定线。

(1)标杆目测定线

目测定线适用于钢尺量距的一般方法。如图 3.4 所示,两点间通视定线:A、B 两点之间定 1、2 点。把站在 A 点的甲称为后尺手,乙称为前尺手。前尺手拿标杆走到大概需要定点的位置,后尺手指挥前尺手移动标杆,将标杆指挥到 AB 直线上,标杆的位置即需要定点的位置。这种方法速度快、操作简便,但精度不高。

（2）经纬仪定线

经纬仪定线适用于钢尺量距的精密方法。在工程测量中由于目估定线的精度达不到要求时,人们常采用经纬仪定线。A 点安置经纬仪,对中、整平、瞄准 B 点处花杆底部,松开竖直制动螺旋,望远镜镜头向下俯视,依次定出若干点。盘左盘右各做一次用作检核。若两次位置没有重合,则取两点的平均位置作为所定点位,如图 3.5 所示。

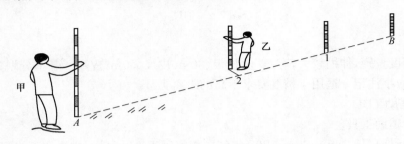

图 3.4　目测定线

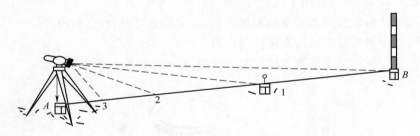

图 3.5　经纬仪定线

职业贴士

经纬仪定线时使用十字丝竖丝进行瞄准,定点时仍然保持点位与竖丝重合,这样才能保证点在 AB 两点之间连线上。

3.1.3　一般丈量方法

1. 平坦地区丈量

丈量工作一般有前、后尺手两人进行,如图 3.6 所示。

1）边定线边丈量

（1）观测的步骤如下。

①标点:直线起终点 A、B,中间点用测钎。

②定线:后尺手拿尺的零端位于起点,前尺手拿尺的末端沿线前进,约一整尺,后尺手指挥前尺手移动花杆,用测钎标定一整尺。

③对点:对起点 A。

④持平:尺拉直拉平。

⑤投点:前尺手用测钎将尺的末端刻线投于地面上,以此循环前插后收测钎。

⑥测余长 Δl:由前尺手用尺上某整刻划线对准终点 B,后尺手右尺的零端读数至 mm。

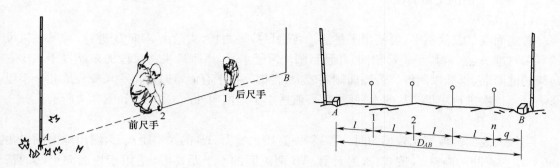

图 3.6　平坦地面的距离丈量

丈量过程：丈量平坦地面 A、B 两点的距离，在直线两端 A、B 竖立标杆，后尺手持钢尺的零端位于 A 点，前尺手持钢尺末端和一组测钎沿 A、B 方向前进，行至一个尺段处停下。后尺手用手势指挥前尺手将钢尺拉在 AB 直线上，后尺手将钢尺零点对准起点 A 点，当两人同时拉紧钢尺后，前尺手将钢尺末端的整尺段长分划处竖直插下一根测钎（如在水泥面丈量插不下测钎时，可用油性笔等在地面上划线做好标记）得到一个点，即完成一个尺段。前、后尺手抬尺前进，当后尺手到达插测钎或画记号处停下，重复上述操作，完成第二尺段。后尺手拔起地上测钎，依次前进，直到量完 AB 直线的最后一段为止。

（2）计算：A、B 两点之间的距离为

$$D = nl + q \tag{3.1}$$

式中　n——整尺段数；

　　　l——整尺段长；

　　　q——余长。

（3）检核：上述由 $A \rightarrow B$ 的丈量工作称为往测，其结果称为 $D_{往}$。为防止错误和提高测量精度，需要往、返各丈量一次。同法，由 $B \rightarrow A$ 进行返测，得到 $D_{返}$。钢尺量距的丈量精度是用相对误差值 K 来衡量的。

计算往、返丈量的相对误差 K，把往返丈量所得距离的差数除以该距离的平均值。如果相对误差满足精度要求，则将往、返测平均值作为最后的丈量结果。

$$K = \frac{|D_{往} - D_{返}|}{D_{平均}} = \frac{1}{D_{平均}/|D_{往} - D_{返}|} \tag{3.2}$$

相对误差 K 是衡量丈量结果精度的指标，常用一个分子为 1、分母是整数的分数表示。相对误差的分母越大，说明量距的精度高。钢尺量距的相对误差一般不应低于 1/3 000，在量距较困难地区不应低于 1/1 000。

例如，A、B 的往测距离是 162.73 m，返测距离为 162.78 m，则相对误差 K 为

$$K = \frac{|162.73 - 162.78|}{162.755} = \frac{1}{3\ 255} < \frac{1}{3\ 000}$$

2）先定线后丈量

先定线后丈量的方法丈量平坦地区距离一般采用经纬仪定线，丈量之前用经纬仪在地上定出若干点。观测、计算、检核的内容同前述介绍。

与边定线边丈量的往返丈量相比，先定线后丈量一般采用两个往测来检核。丈量精度仍然用相对误差来衡量。

2. 倾斜地面的丈量方法

（1）平量法

若地面高低起伏不平，可使用平量法。将钢尺拉平丈量，丈量由 A 向 B 进行，后尺手将尺的零端对准 A 点，前尺手将尺抬高，并且目测使尺子水平，用垂球尖将尺段的末端投于 AB 方向线的地面上，再插以测钎。若地面倾斜较大，将钢尺抬平有困难时可将一尺段分成几个小段来平量。依次进行丈量 AB 的水平距离，一般适用于地面向外凸的情况，如图 3.7 所示。

（2）斜量法

当倾斜地面的坡度比较均匀时，可沿斜面直接丈量出 AB 的倾斜距离 L，测出地面倾斜角 α 或 AB 两点间的高差 h，按式（3.3）计算 AB 两点间的水平距离 D，适用于地面向里凹的情况，如图 3.8 所示。

$$D = L \cdot \cos \alpha = \sqrt{L^2 - h^2} \tag{3.3}$$

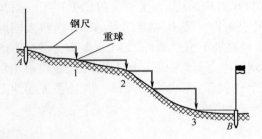 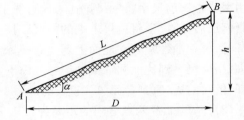

图 3.7　倾斜地面的距离丈量（平量法）　　　　图 3.8　倾斜地面的距离丈量（斜量法）

钢尺量距的一般方法，量距精度只能达到 1/5 000～1/1 000。当精度要求达到 1/10 000 以上时，应采用精密量距的方法。精密方法量距与一般方法量距基本步骤相同，不过精密量距在丈量时采用较为精密的方法，并对一些影响因素进行了相应的计算改正。

3.1.4　精密丈量方法

钢尺量距的精密方法就是要考虑温度、拉力、地面的倾斜等因素对钢尺量距的影响，通过改正数的方式使原先量距的结果更精确。用精密丈量的方法量距，要做到对使用的钢尺进行检定，对丈量的场地进行清理，对丈量的结果进行各项改正，一般量距精度可以保持在1/10 000～1/4 000。

1. 尺长方程式

钢尺由于其制造误差、变形以及丈量时温度和拉力不同的影响，使得其实际长度往往不等于名义长度。因此，丈量之前必须对钢尺进行检定，求出它在标准拉力和标准温度下的实际长度，以便对丈量结果加以改正。钢尺检定后，应给出钢尺尺长随温度变化的函数关系式，通常称为尺长方程式，其一般形式为

$$l_t = l_0 + \Delta l + \alpha \cdot l_0 (t - t_0) \tag{3.4}$$

式中　l_t ——钢尺在温度 $t\ ^\circ\!C$ 时的实际长度（m）；

　　　l_0 ——钢尺的名义长度（m）；

　　　Δl ——在标准温度 $t_0\ ^\circ\!C$ 时的尺长改正数（m）；

　　t ——丈量时的温度（℃）；

　　t_0 ——钢尺的标准温度（℃），一般为 20 ℃；

　　α ——钢尺的线膨胀系数，一般可采用 1.25×10^{-5}/℃ 。

　　2. 丈量前的准备工作

　　丈量前先沿着丈量方向清理场地，然后用经纬仪定线（在直线上定出若干个点），并打木桩（必要可钉钉子等）表示点位，最后用水准仪测出相邻两木桩顶之间的高差，以便进行倾斜改正。每一测站可以测 3～4 个尺段，视线长不超过 100 m。尺段高差应测两次，其比较差值应小于 5 mm 或 10 mm。

　　3. 精密丈量的方法

　　用钢尺作精密丈量时，一般需要 5 个人，两人拉尺，两人读尺，一人记录并测温度。用经纬仪定线并打桩定点。丈量时，用钢尺直接丈量桩点距离，并在钢尺的零端挂好弹簧秤，以保证丈量时使用的标准拉力（30 m 钢尺为 98 N）。每尺段应丈量三次，每次在丈量方向移动钢尺若干厘米，如果三次丈量所得尺段长度之差在 2 mm 以内，取其平均值作为该尺段的最后结果，否则应作补测。丈量每一尺段时应测温度一次，温度估读至 0.5 ℃。用水准仪测量各尺段桩点的高差，进行高差改正。

　　4. 精密丈量的成果处理

　　精密丈量的成果，必须根据所用钢尺的尺长方程式，进行尺长改正、温度改正和倾斜改正，最后得出水平距离。

　　（1）尺长改正

$$\Delta l_{\mathrm{d}} = \frac{\Delta l}{l_0} \cdot l \tag{3.5}$$

式中　l ——钢尺在丈量尺段的实际长度（m）；

　　l_0 ——钢尺的名义长度（m）；

　　Δl ——在标准温度下的尺长改正数（m），即钢尺标称的实际长度减去名义长度。

　　（2）温度改正

$$\Delta l_{\mathrm{t}} = \alpha \cdot l \cdot (t - t_0) \tag{3.6}$$

　　（3）倾斜改正

$$\Delta l_{\mathrm{h}} = -\frac{h^2}{2l} \tag{3.7}$$

式中　h ——尺段两端的高差（m）。

　　改正后的尺段长即为该尺段的水平距离，即

$$d = l + \Delta l_{\mathrm{d}} + \Delta l_{\mathrm{t}} + \Delta l_{\mathrm{h}} \tag{3.8}$$

最后各尺段改正后长度之和即为两点的水平距离。

3.1.5　钢尺的检定

　　钢尺的检定可以采用下列两种方法。

　　1. 与标准尺比长

　　所谓标准尺，就是经过专业机构鉴定过，已知其尺长方程式的钢尺。

　　将被检定的名义长度与标准尺相同的钢尺，与标准尺并排拉开放在地面上（亦可以悬空比较），两尺始端均施加标准拉力，并将两根尺的终端刻划对齐，则可在始端的零分划处读出两尺长的差值。根据标准尺尺长方程和两尺差值，既可计算出被检尺的尺长方程式。这里认为两根钢尺的线胀系数相同。

【例 3.1】 已知标准尺在拉力 98 N 下的平量尺长方程式为

$$l_{t1} = 30 \text{ m} + 0.004 \text{ m} + 1.25 \times 10^{-5} \times 30(t-20)\text{m}$$

被检定的钢尺名义长度也是 30 m，比较时的温度为 24 ℃，两尺均施加以标准拉力 98 N，当终端对齐后，其零分划线对准标准尺的 0.007 m 处，求被检定钢尺的尺长方程式。

解：标准尺上 7 mm 的长度受温度 24 ℃ 的影响，虽然会比名义长度稍长一些，但其值可以忽略不计，故可得出在 24 ℃ 时待检钢尺的尺长 l_t 为

$$l_t = l - 0.007 = 30 + 0.004 + 1.25 \times 10^{-5} \times 30(24-20) - 0.007$$
$$= 30 - 0.001\,5(\text{m})$$

故以 24 ℃ 作为检定温度时，待检钢尺的尺长方程式为

$$l_t = 30 \text{ m} - 0.001\,5 \text{ m} + 1.25 \times 10^{-5} \times 30(t-24)\text{m}$$

由于不考虑尺长改正数 Δl 受温度变化的影响，则待检钢尺在标准温度 20 ℃ 的尺长方程式为

$$l_t = 30 + 0.004 + 1.25 \times 10^{-5} \times 30(t-20) - 0.007 \text{ m}$$

即　　$l_t = 30 \text{ m} - 0.003 \text{ m} + 1.25 \times 10^{-5} \times 30(t-20)\text{m}$

2. 与已知基线比长

用待检的钢尺，在已知其精确距离的两点之间，按精密丈量的方法，量出作为基准线的两点之间的名义长度，则据此可以求得待检钢尺的尺长改正值 Δl。

设基线全长为 d，用名义长度为 l_0 的待检钢尺量得基线长度为 d'，则尺长改正值为

$$\Delta l = l_0 \frac{d-d'}{d'} \tag{3.9}$$

式(3.9)是在丈量温度下的尺长改正值，一般应将其化为标准温度 20 ℃ 的改正值，这样就可以得出待检钢尺的尺长方程式。标准温度下的尺长改正值按式(3.10)计算。

$$\Delta l_{20} = \Delta l - \alpha \cdot l_0(t-20) \tag{3.10}$$

【例 3.2】 已知基线长度为 120.454 m，用 30 m 的待检钢尺，在 28 ℃ 时以标准拉力用悬量方法测得基线长为 120.432 m，求待检钢尺的尺长方程式。

因为待检钢尺在 28 ℃ 时的尺长改正值为

$$\Delta l = 30 \times \frac{120.454 - 120.432}{120.432} = +0.005\,5(\text{m})$$

所以待检钢尺在 20 ℃ 时的尺长改正值为

$$\Delta l_{20} = 0.005\,5 - 1.25 \times 10^{-5} \times 30(28-20) = +0.002\,5(\text{m})$$

故待检钢尺的尺长方程式为

$$l_t = 30 \text{ m} + 0.002\,5 \text{ m} + 1.25 \times 10^{-5} \times 30(t-20)\text{m}$$

3.1.6　钢尺量距的误差分析与注意事项

钢尺量距看起来是一项极简单的工作，实际上钢尺丈量要比水准仪难度大，如果丈量者没有长期积累的熟练技巧和理论作为指导，则丈量结果的精度很难达到规范的要求。

用钢尺量距是许多测量中离不开的工作，为保证精度，应当弄清楚钢尺丈量中的误差来源，以便采取措施消除或减弱其影响。

1. 误差的来源

（1）尺长误差

尺长误差是指钢尺的实际长度和名义长度不符而对测量结果的影响。若钢尺的实际长度大于名义长度则将距离量短；反之，则将距离量长。一把 30 m 的钢尺尺长误差大概在 3 mm。钢尺必须经过检定以求得其尺长改正数。尺长误差具有系统积累性，它与所量距离成正比。对于一般的丈量，若尺长误差小于尺长的 1/10 000 时，则可以不进行尺长改正，否则应在丈量结果中加上尺长改正；对于精密丈量，均应考虑尺长改正。

（2）定线误差

定线误差就是本来应该在两点之间的直线定出的过渡点偏离了原本的直线，导致所丈量的距离不是直线而变成了折线，其性质与钢尺不水平一样。一般丈量中使用标杆目估定线，既可满足要求；精密量距中，则应该使用经纬仪定线，要求不偏离直线方向 5 cm。

（3）钢尺不水平的误差

尺子不水平的误差现象，称为反曲。这种误差具有积累性质。据计算，30 m 的钢尺，若尺的两端高差达 0.4 m，则使距离增长 2.67 mm，其相对误差为 1/11 000。设在尺段中部凸起 0.5 m，由此而产生的距离误差达 16 mm，这是不能允许的，应将钢尺拉平丈量。钢尺一般量距时，如果钢尺不水平，则总是使所量距离偏大。精密量距时，测出尺段两端点的高差，进行倾斜改正。用普通水准测量的方法是容易达到的。

（4）拉力误差

钢尺具有弹性，会因受拉而伸长。量距时，如果拉力不等于标准拉力，钢尺的长度就会产生变化。这种误差不具有积累性质。精密量距时，用弹簧秤控制标准拉力，一般量距时拉力要均匀，不要或大或小。

（5）温度误差

钢尺的线胀系数 $\alpha = 1.25 \times 10^{-5}/℃$，当温度变化 8 ℃时，可使尺长变化 1/10 000。一般丈量中，应当根据测量时的温度与标准温度之差来决定是否加入温度改正；在精密丈量中，最好用点温度计设法测定钢尺本身的温度来加以改正。

（6）丈量本身的误差

它包括钢尺刻划对点的误差、插测钎的误差及钢尺读数误差等。这些误差是由人的感官能力所限而产生的，误差有正有负，在丈量结果中可以互相抵消一部分，但仍是量距工作的一项主要误差来源。这种误差是一种偶然误差，它是丈量中不可避免的，只能在丈量中仔细操作，尽量减小其影响。

（7）风的影响

风吹使钢尺旁向弯曲，这种影响将距离量长，误差具有积累性质。在精密量距中，应选择无风的天气进行。

综上所述，精密量距时，除经纬仪定线、用弹簧秤控制拉力外，还需进行尺长、温度和倾斜改正。而一般量距可不考虑上述各项改正。但当尺长改正数较大或丈量时的温度与标准温度之差大于 8 ℃时进行单项改正，此类误差用一根尺往返丈量发现不了。另外，尺子拉平不容易做到，丈量时可以手持一悬挂垂球，抬高或降低尺子的一端，尺上读数最小的位置就是尺子水平时的位置，并用垂球进行投点及对点。

2. 注意事项

①丈量距离会遇到平坦、起伏或倾斜等各种不同地形情况，但不论何种情况，丈量距离有

三个基本要求："直、平、准"。其中，直，定线直、尺拉直；平，尺身平（水平距离）；准，对点、投点、读数准。

②钢尺在拉出和收卷时，要避免钢尺打卷。在丈量时，不可在地面上拖拉钢尺，更不要扭折，防止人踩和车压，以免折断。

③钢尺擦干净：尺子用过后要用软布擦干净后，涂以防锈油，再装入盒中。

技能训练 6

用钢尺进行距离测量。

一、训练目的

掌握用钢尺量距的基本方法。

二、训练安排

每组：经纬仪一台、测钎 2 根、30 m 钢尺一把。

三、训练内容与训练步骤

1. 训练内容

每组在平坦的地面上，完成一段长 50～60 m 的直线的往返丈量任务，并用经纬仪进行直线定线。

2. 训练步骤

①平坦地面的丈量工作，需由 A 至 B 沿地面直线逐个标出整尺段位置，丈量 B 端不足整尺段的余长，完成往测。

如下图所示，在 A 点架仪，瞄准 B 点，在 AB 之间用测钎定点 1、2，丈量各段距离。

②为了检核和提高测量精度，还应由 B 点按同样的方法量至 A 点，称为返测。若精度符合要求，则取往返测量的平均值作为 A、B 两点的水平距离。

③丈量时，前尺手与后尺手要动作一致，可用口令来协调。

3. 注意事项

①前后尺手动作要配合，定线要直，尺身要水平，尺子要拉紧，用力要均匀，待尺子稳定时在读数或插测钎。用测钎要竖直插下。前、后尺所量测钎的部位应一致。

②钢尺性能脆易折断，防止打结、扭曲、拖拉，并严禁车碾、人踏，以免损坏，用毕擦净。

四、训练报告

水平距离测量记录表

日期：＿＿＿＿＿　观测者：＿＿＿＿＿　记录者：＿＿＿＿＿

线　段		分段丈量长度（m）				合计	平均	精度	备注
AB	往								
	返								

续上表

线　段		分段丈量长度(m)			合计	平均	精度	备注
BC	往							
	返							

相对精度的计算:

3.2　视 距 测 量

视距测量是距离测量的另一种方法,它是利用望远镜内的视距装置配合视距尺,根据几何光学和三角测量原理,同时测定距离和高差的方法。视线水平时,视距测量测得的是水平距离。如果视线是倾斜的,为求得水平距离,还应测出竖角。有了竖角,也可以求得测站至目标的高差。所以说视距测量也是一种能同时测得两点之间的距离和高差的测量方法。

3.2.1　基本装置

视距测量需要使用的基本测量仪器是经纬仪或者水准仪,它利用望远镜十字丝分划板上的上、下对称的两条短线,称为视距丝,即可完成视距测量。视距测量中的视距尺可用普通水准尺,也可用专用视距尺。

3.2.2　精度要求和使用范围

视距测量的精度一般为 1/300～1/200,精密视距测量可达 1/2 000,这种方法的精度比直接量距的精度低,但操作简单,不受地形限制,且用一台经纬仪即可同时完成两点间的水平距离和高差的测量,因此常用于精度要求不高的碎部测量和图根控制网的加密。

3.2.3　视距测量计算公式

1. 视线水平时的视距公式

视线水平时的视距公式如图 3.9 所示。

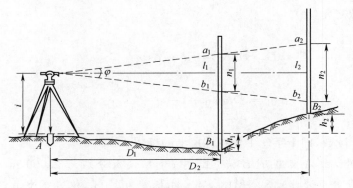

22. 视距测量

图 3.9　视线水平时测量平距和高差示意图

(1)视距公式

$$D = Kl \qquad\qquad (3.11)$$

式中　K ——视距乘常数，一般情况下取 100；

　　　l ——上下丝读数之差(m)。

（2）高差公式

$$h = i - V \tag{3.12}$$

式中　i ——仪器高(m)；

　　　V ——标尺的中丝读数，即十字丝中丝在标尺上的读数(m)。

2. 视线倾斜时的视距公式

视线倾斜时的视距公式如图 3.10 所示。

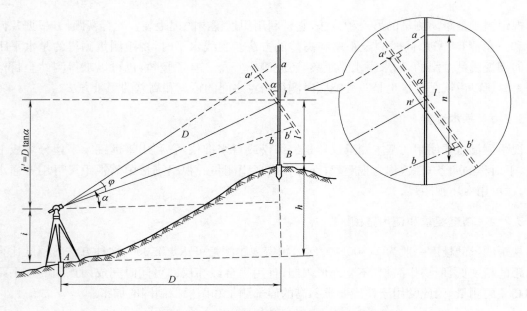

图 3.10　视线倾斜时测量平距和高差示意图

（1）倾斜距离

$$D' = Kl \cdot \cos \alpha \tag{3.13}$$

式中　α ——竖直角(°)；

　　　l ——上下丝读数之差(m)。

（2）水平距离

$$D = D' \cdot \cos \alpha = Kl \cdot \cos^2 \alpha \tag{3.14}$$

（3）高差公式

$$h_{AB} = D\tan \alpha + i - v \tag{3.15}$$

式中　i ——仪器高(m)；

　　　v ——标尺的中丝读数，即十字丝中丝在标尺上的读数(m)。

【例 3.3】视距测量中，由 A 点观测 B 点，上、中、下丝读数分别为 2.000 m、2.368 m、2.736 m，经纬仪盘左竖盘俯角读数为 89°18′18″，竖盘指标差为 1′06″，仪器高为 1.42 m，已知 A 点高程为 $H_A = 189.894$ m，求 B 点的高程及 AB 间水平距离分别为多少？

解：根据题意可知垂直度盘为逆时针注记形式，其垂直角计算公式为

$$\alpha = 90° - L + x = 90° - 89°18′18″ + 1′06″ = 0°42′48″$$

视距：$\qquad Kl = 100 \times (2.736 - 2.000) = 73.6(\text{m})$

平距：$\qquad D = Kl \cdot \cos^2\alpha = 73.588(\text{m})$

高差：$\qquad h_{AB} = D \cdot \tan\alpha + i - v = -1.864(\text{m})$

高程：$\qquad H_B = H_A + h_{AB} = 188.030(\text{m})$

📝 职业贴士

由于竖盘指标差 x 的存在,使得竖盘实际读数比应读数偏大或偏小。盘左读数偏小 x,盘右读数偏大 x,所以真实的竖直角 $\alpha_L = 90° - L + x$,$\alpha_R = R - 270° - x$。

3.2.4　视距测量的观测与计算

视距测量主要用于地形测量中碎步测量、测定测站点至地形点的水平距离及高差。其观测步骤如下。

①在测站上安置经纬仪,量取仪器高 i(桩顶至仪器横轴中心的距离),精确到厘米(cm)。

②瞄准竖直于测点上的标尺,并读取中丝读数 l 值。

③用上、下视距丝在标尺上读数,将两数相减得视距间隔 n。

④使竖盘水准管气泡居中,读取竖盘读数,求出竖直角 α。

⑤计算平距和高差。

3.2.5　视距测量误差

(1)视距尺分划误差

该误差若系统地增大或减小,视距尺分划误差对视距测量将产生系统性误差。这个误差在仪器常数检测时将会反应在乘常数 K 上。若视距尺分划误差是偶然误差,对视距测量影响也是偶然性的。视距尺分划误差一般为 ± 0.5 mm,引起距离误差为

$$m_d = 0.5\sqrt{2}K = \pm 0.071(\text{m})$$

(2)乘常数 K 值的误差

一般视距乘常数 $K = 100$,但由于视距丝间隔有误差,视距尺有系统性误差,仪器检定有误差,都会使 K 值不为 100。K 值误差使视距测量产生系统误差。K 值应在 100 ± 0.1 之内,否则应该改正。

(3)竖直角测量误差

竖直角观测误差对视距测量有影响。

(4)视距丝读数误差

视距丝读数误差是影响视距测量精度的重要因素。它与视距远近成正比,距离越远误差越大,所以视距测量中要根据测图对测量精度的要求限制最远视距。

(5)视距尺倾斜对视距测量的影响

视距公式是在视距尺严格与地面垂直条件下推导出的。

若视距尺倾斜,设其倾角为 $\Delta\gamma$。一般视距测量精度为 1/300。要保证 $\Delta D/D \leqslant 1/300$,视距测量时倾角误差应满足

$$\Delta\gamma \leqslant \frac{\rho'' \cot\alpha}{600} = 5.8' \cot\alpha \qquad (3.16)$$

根据式(3.16)可计算出不同竖直角测量时倾角的允许值,见表 3.1。

表 3.1 不同竖直角与倾角允许值

竖直角	3°	5°	10°	20°
Δγ 允许值	1.8°	1.1°	0.5°	0.3°

由此可见，视距尺倾斜时，对视距测量影响不可忽视；特别是在山区，倾角大时，更要注意。必要时可在视距尺上附加圆水准器。

（6）外界气象条件对视距测量的影响

①大气折光的影响：视线穿过大气时会产生折射，其光程从直线变成曲线，造成误差，由于视线靠地面时折光大，所以规定视线应高出地面 1 m 以上。

②大气湍流的影响：空气的湍流使视距成像不稳定，造成视距误差。当视线接近地面或水面时这种现象更为严重，所以视线要高出地面 1 m 以上。除此之外，风和大气能见度对视距测量也会产生影响。风力过大，尺子会抖动，空气中灰尘和水汽会使视距尺成像不清晰，造成读数误差，所以应选择良好的天气进行测量。

在上述各种误差来源中，以读数误差、标尺倾斜误差两种误差是影响最为突出，应予以充分注意。根据实践资料分析，在良好的外界条件下，测量距离在 200 m 以内，视距测量的相对误差约为 1/300。

3.3 光 电 测 距

前面介绍的钢尺量距，外业工作繁重，工作效率低，在地形复杂条件下甚至难以工作；而视距法测距，虽然速度快，但测程短、精度低。近年来由于光电测距仪的出现，大大地改善了作业条件，增加了测程，提高了测距的精度和作业的效率。尤其是近几年来，微电子技术和计算机等得到了飞速发展，使测距仪迅速向小型化、多功能、高精度、全站仪方向发展，使其具备量距、测角、测高等功能，同时测距仪内装有固化的数学运算程序，在外业可以实时计算到所需要的一些成果。所以光电测距仪目前已是相当普及的测距设备。

3.3.1 概述

1. 波的概念

波是物质的一种振动传播形式。传播振动的物质称为媒质或介质。波分为以下两类。

①机械波：例如水波、声波、地震波等。

②电磁波：例如光波、无线电波、X 射线等。

2. 电磁波

电磁波是变化的电磁场在空间的传播的粒子波。各种电磁波在真空中的传播速度，即波速，等于真空中的光速值，以 C_0 表示（$C_0 = 299\ 792.458$ km/s）。各种电磁波的区别，仅仅在于它们的频率不同、波长不同。

3. 载波

由人工发射器发射的光波，称为载波。

例如：红外测距仪的发光管发射的光波，是由人工制造的砷化镓（$GaAs$）发光二极管发射的。

4. 调制光波

测距时,对发射的光波施加一个调制信号,使光波的强度随所加的调制信号变化。把这种光波强度随所加的调制信号变化的光波,称为调制光波。

5. 电磁波测距仪按载波分类

以某种电磁波作为载波测定两点间距离的仪器,称为电磁波测距仪。其中,以红外光作为载波的测距仪,称为红外测距仪;以激光作为载波的测距仪,称为激光测距仪;以无线电波作为载波的测距仪,称为微波测距仪。

(1)光电测距仪(以光波作为载波)

①单载波测距仪:早期以白炽灯或汞灯作为光源的测距仪;以红外光作为光源的红外测距仪;以激光作为光源的激光测距仪。

②多载波测距仪。

(2)微波测距仪

以无线电波作为载波的微波测距仪。

6. 测距仪按测程分类

①短程测距仪≤3 km,用于普通工程测量、城市测量。

②中程测距仪:3~15 km,用于一般等级控制测量。

③远程(长程)测距仪>15 km,主要用于国家等级的三角网、特级导线的边长测量。

7. 测距仪按精度分级

按测距仪出厂标称标准差,归算到 1 km 的测距标准偏差计算,精度分为 4 级,见表 3.2。

表 3.2　测距仪精度分级

测距仪精度等级	测距标准偏差
Ⅰ	$m_D \leqslant (1+D)\text{mm}$
Ⅱ	$(1+D)\text{mm} < m_D \leqslant (3+2D)\text{mm}$
Ⅲ	$(3+2D)\text{mm} < m_D \leqslant (5+5D)\text{mm}$
Ⅳ	$m_D\text{ mm} > (5+5D)\text{mm}$

注:D 为测量距离,单位为千米(km)。

测距仪出厂标称精度表达式为

$$m_D = \pm(A + B \times D) \tag{3.17}$$

式中　A——标称精度固定误差(mm);

　　　　B——标称精度比例误差系数(mm/km);

　　　　D——测量距离(km)。

8. 测距仪按测距原理分类

①相位式:中、短程测距仪多采用。

②脉冲式:远程测距仪采用。其测程大,但精度较低。

③脉冲相位式:中、远程测距仪采用。

3.3.2　测距成果整理

在测距仪测得初始斜距值后,还需加上仪器常数改正、气象改正和倾斜改正等,最后求得水平距离。

（1）仪器常数改正

仪器常数有加常数 K 和乘常数 R 两项。

由于仪器的发射中心、接收中心与仪器旋转竖轴不一致而引起的测距偏差值，称为仪器加常数。实际上仪器加常数还包括由于反射棱镜的组装（制造）偏心或棱镜等效反射面与棱镜安置中心不一致引起的测距偏差，称为棱镜加常数。仪器的加常数改正值 δ_R 与距离无关。并可预置于机内作自动改正。

仪器乘常数主要是由于测距频率偏移而产生的。乘常数改正值 R 与 δ 所测距离成正比。在有些测距仪中可预置乘常数作自动改正。

仪器常数改正的最终式可写成：

$$\Delta S = \Delta_\kappa + \delta_R = K + R \cdot S \tag{3.18}$$

式中　K——仪器加常数；

　　　R——仪器乘常数。

（2）气象改正

仪器的测尺长度是在一定的气象条件下推算出来的。野外实际测距时的气象条件不同于制造仪器时确定仪器测尺频率所选取的基准（参考）气象条件，故测距时的实际测尺长度就不等于标称的测尺长度，使测距值产生与距离长度成正比的系统误差。所以在测距时应同时测定当时的气象元素：温度和气压。利用厂家提供的气象改正公式计算距离改正值。如某测距仪的气象改正公式为

$$\Delta S = \left(283.37 - \frac{106.283P}{273.15 + t}\right) \cdot S$$

式中　P——气压（Pa）；

　　　t——温度（℃）；

　　　S——距离测量值（km），改正数 ΔS 以 mm 为单位。

目前，所有的测距仪都可将气象参数预置于机内，在测距时自动进行气象改正。

（3）倾斜改正

距离的倾斜观测值经过仪器常数改正和气象改正后得到改正后的斜距。

当测得斜距的竖角 δ 后，可按下式计算水平距离

$$D = S \cos \delta \tag{3.19}$$

 职业贴士

全测距仪使用要注意以下几项：

（1）视场内只能有反光棱镜，应避免测线两侧及镜站后方有其他光源和反光物体，并应尽量避免逆光观测；设置测站时要避免强电磁场的干扰，例如在变压器、高压线附近不宜设站。

（2）经常保持仪器清洁和干燥，运输和携带中要注意防振。

（3）仪器不要暴晒和雨淋，在强烈阳光下要撑伞遮太阳保护仪器。在通电作业时，严防阳光及其他强光直射接收物镜，更不能将接收物镜对准太阳，以免损坏接收镜内的光敏二极管。

（4）注意电源接线，不可接错，经检查无误后方可开机测量。测距完毕注意关机，不要带电迁站。

（5）气象条件对光电测距有较大的影响。不宜在阳光强烈、视线靠近地面或者高温（35 ℃以上）的环境条件下观测。

 小结

本章中着重介绍了测量工作的 3 项基本内容之一——距离测量，一共包括了 3 个部分的内容，分别是钢尺量距、视距测量、光电测距。

（1）钢尺量距

要掌握钢尺量距的一般方法，包括直线定线和平坦地区丈量的两种方法，先定线后丈量或者边定线边丈量，测量结果的精度使用相对误差值衡量。对于钢尺量距的精密方法要求了解温度、倾斜、尺长 3 方面的影响以改正数的形式加在原先测得的结果中。

（2）视距测量

视距测量是利用水准仪和经纬仪的十字丝进行距离测量的办法，精度较低，一般用在碎部测量当中。重点掌握视线水平和视线倾斜时距离与高差的计算公式。

（3）光电测距

简单了解它与前两种距离丈量方法的区别，可以和后面项目中全站仪的使用结合起来。

 复习思考题

1. 在距离丈量之前，为什么要进行直线定线？进行定线的方法有哪些？
2. 钢尺量距会产生哪些误差？

 复习测试题

1. 简述用钢尺在平坦地面量距的步骤。
2. 用钢尺对 AB、CD 两段距离进行丈量，AB 段往测为 232.255 m，返测为 232.240 m；CD 段往测为 145.582 m，返测为 145.590 m。请问这两段距离丈量的精度是否相同？为什么？AB、CD 两段直线距离丈量结果各是多少？
3. 视距测量影响精度的因素有哪些？
4. 测距仪的标称精度是怎么定义的？
5. 请叙述光电测距误差来源主要有哪些？

第4章 直线定向

在工程测量中通常用测量仪器对设计坐标进行实地放样,简单来说就是参照基准点然后根据待放样点与参照方向点在平面坐标系统中形成的夹角和距离关系来确定点位。

本章主要介绍测量中常说的标准方向、坐标方位角计算、坐标的正反算、罗盘仪的基本构造和使用方法,同时介绍罗盘仪测定磁方位角和陀螺经纬仪测定真方位角。

4.1 直线定向原理

在测量工作中,常常需要确定两点间平面位置的相对关系,即根据地面上的一个已知点确定另外一个未知点的平面位置。所需的条件除了测定两点间的距离外,还需确定两点所连直线的方向。

确定一条直线与一基本方向之间的水平夹角,称为直线定向。

4.1.1 标准方向

标准方向应有明确的定义并在一定区域的每一点上能够唯一确定。在测量中经常采用的标准方向有三种,即真子午线方向、磁子午线方向和坐标纵轴方向。

(1)真子午线方向(真北方向)

过地球表面某点真子午线的切线北端所指示的方向称为该点的真子午线方向(真北方向)。真北方向可采用天文测量的方法测定,如观测太阳、北极星等,也可采用陀螺经纬仪测定。

(2)磁子午线方向(磁北方向)

磁针在地球磁场的作用下,磁针自由静止时其指北端所指的方向,称为磁北方向。磁子午线都指向地磁轴,通过地球表面某点的磁子午线的切线方向称为该点的磁子午线方向。其北端所指方向又称磁北方向,可用罗盘仪测定。

由于地球的两磁极与地球的南北极不重合,因此,地面上任何一点的真子午线方向与磁子午线方向是不一致的,两者之间的方位角的夹角 δ 称为磁偏角,如图 4.1 所示。磁子午线北端在真子午线以东为东偏,δ 为"+";以西为西偏,δ 为"-"。地球上不同地点的磁偏角也不同,我国磁偏角的变化大约在 +6°(西北地区)—10°(东北地区)之间。

由于地球磁极是在不断变化的,引起磁偏角也在变化,另外罗盘仪还会受地磁场及磁暴、磁力异常的影响,所以磁子午线不宜作为精密定向标准。

(3)坐标纵轴方向(坐标北方向)

坐标纵轴(X 轴)正向所指示的方向,称为坐标北方向。实用上常取与高斯平面直角坐标系中 X 坐标轴平行的方向为坐标北方向。

以上 3 个基本方向合称为三北方向,如图 4.1 所示。

4.1.2 方位角

确定标准方向之后能否确定直线的方向?还是不行,因为直线与标准方向所夹的角度不止一个,有锐角,也有钝角,到底用哪个角度来表示直线的方向?为了不发生歧义,采用方位角的形式来表示直线的方向,如图 4.2 所示。

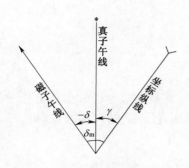

图 4.1 三种标准方向之间的关系

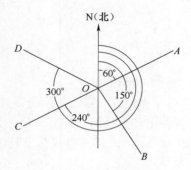

图 4.2 坐标方位角

(1)定义

由基本方向的指北端起,按顺时针量至直线的水平角称为该直线的方位角。

(2)范围

由于方位角本身也是水平角,取值范围为 $0° \sim 360°$。

(3)分类

①真方位角:由真北方向起算的方位角,用 A 表示。

②磁方位角:由磁北方向起算的方位角,用 A_m 表示。

③坐标方位角:由坐标北方向起算的方位角,用 α 表示。

(4)磁偏角与子午线收敛角

①磁偏角 δ:过一点的真北方向与磁北方向之间的夹角。

②子午线收敛角 γ:过一点的真北方向与坐标北方向之间的夹角。

(5)方位角之间的相互换算

由于三个指北的标准方向并不重合,所以一条直线的三种方位角并不相等,它们之间存在着一定的换算关系。

一条直线的真方位角 A、磁方位角 A_m 和坐标方位角 α 之间关系式为

$$A = A_m + \delta = \alpha + \gamma$$

4.1.3 坐标方位角

(1)性质

①直线的坐标方位角必须建立在直线的起点处。

②同一直线的正反坐标方位角不相等。

③同一直线的正反坐标坐标方位角相差 $180°$。

一条直线的坐标方位角,由于起始点的不同而存在着两个值,如图 4.3 所示,α_{12} 表示 P_1P_2 方向的坐标方位角,α_{21} 表示 P_2P_1 方向的坐标方位角。α_{12} 和 α_{21} 互称正、反坐标方位角。

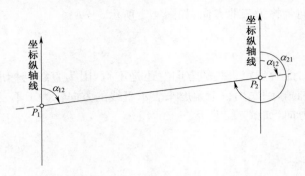

图 4.3　坐标方位角

（2）坐标方位角的推算

在实际工作中并不需要测定每条直线的坐标方位角，而是通过与已知坐标方位角的直线连测后，推算出各直线的坐标方位角。如图 4.4 所示，已知直线 12 的坐标方位角 α_{12}，观测了水平角 β_2 和 β_3，要求推算直线 23 和直线 34 的坐标方位角。

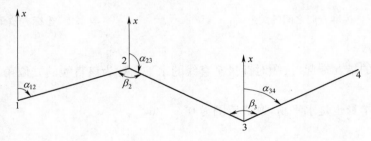

图 4.4　坐标方位角的推算

由图 4.4 可以推出

$$\alpha_{23} = \alpha_{21} - \beta_2 = \alpha_{12} + 180° - \beta_2$$
$$\alpha_{34} = \alpha_{32} - (360° - \beta_3) = \alpha_{23} + 180° - \beta_3$$

因其在推算路线前进方向的右侧，该转折角称为右角；在左侧，称为左角。从而可归纳出推算坐标方位角的一般公式为

$$\alpha_{后} = \alpha_{前} + \beta_{左} - 180° \tag{4.1}$$
$$\alpha_{后} = \alpha_{前} - \beta_{右} + 180° \tag{4.2}$$

 职业贴士

（1）计算中，如果 $\alpha_{后} > 360°$，应自动减去 360°；如果 $\alpha_{后} < 360°$，则自动加上 360°。

（2）式（4.1）和式（4.2）仅限于相邻直线顺次方向。

（3）象限角

测量上有时用象限角来确定直线的方向。所谓象限角，就是由标准方向的北端或南端起量至某直线所夹的锐角，常用 R 表示。如图 4.5 所示，直线 OA、OB、OC 和 OD 的象限角分别为北东 R_{OA} 南东 R_{OB} 南西 R_{OC} 和北西 R_{OD}。

①取值范围：0°~90°。

②坐标方位角和象限角的换算关系如下：

坐标方位角和象限角均是表示直线方向的方法，它们之间既有区别又有联系。在实际测量中经常用到它们之间的互换,由图 4.5 可以推算出它们之间的互换关系,见表 4.1。

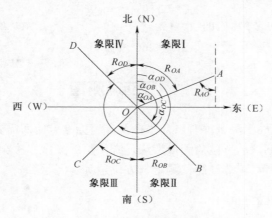

图 4.5　象限角

表 4.1　坐标方位角与象限角的关系

直线方向	由坐标方位角 α 求象限角 R	由象限角 R 求坐标方位角 α
第 Ⅰ 象限（北东）	$R = \alpha$	$\alpha = R$
第 Ⅱ 象限（南东）	$R = 180° - \alpha$	$\alpha = 180° - R$
第 Ⅲ 象限（南西）	$R = \alpha - 180°$	$\alpha = 180° + R$
第 Ⅳ 象限（北西）	$R = 360° - \alpha$	$\alpha = 360° - R$

【例】某直线 AB,已知正坐标方位角 $\alpha_{AB} = 334°31'48''$,试求 α_{BA}、象限角 R_{AB}、反象限角 R_{BA}。

解:
$$\alpha_{BA} = 334°31'48'' - 180° = 154°31'48''$$
$$R_{AB} = 360° - 334°31'48'' = 25°28'12''(\text{NW})$$
$$R_{BA} = 180° - 154°31'48'' = 25°28'12''(\text{SE})$$

4.1.4　坐标反算

1. 距离计算

当已知地面上 A、B 两点的坐标时,可以用坐标反算两点间的水平距离 D,其计算公式为
$$D = \sqrt{(x_A - x_B)^2 + (y_A - y_B)^2} \tag{4.3}$$

2. 方位角计算

当已知地面上 A、B 两点的坐标时,可用坐标反算方位角 α_{AB},其计算公式为
$$\alpha_{AB} = \arctan \frac{y_B - y_A}{x_B - x_A} \tag{4.4}$$

按不同象限分别讨论如下。

当 AB 直线位于第Ⅰ象限时,即 $x_B - x_A > 0$ 和 $y_B - y_A > 0$,坐标方位角计算公式与式(4.4)相同。

当 AB 直线位于第Ⅱ象限时,即 $x_B - x_A < 0$ 和 $y_B - y_A > 0$,坐标方位角计算公式为
$$\alpha_{AB} = 180° - \alpha_{AB锐}$$

当 AB 直线位于第Ⅲ象限时，即 $x_B - x_A < 0$ 和 $y_B - y_A < 0$，坐标方位角计算公式为

$$\alpha_{AB} = 180° + \alpha_{AB锐}$$

当 AB 直线位于第Ⅳ象限时，即 $x_B - x_A > 0$ 和 $y_B - y_A < 0$，坐标方位角计算公式为

$$\alpha_{AB} = 360° - \alpha_{AB锐}$$

4.2 方位角测量

在测量工作中，如果周围测区没有已知坐标及参考标准方向而需要测定方位角时，可以根据精度要求不同来选择不同的方位角测量方法。方位角的测量方法有天文测量真方位角测量方法、罗盘仪测定磁方位角、陀螺经纬仪测定真方位角等。

4.2.1 罗盘仪测定磁方位角

1. 罗盘仪的构造

罗盘仪是利用磁针测定直线磁方位角的仪器，通常用于独立测区的近似定向以及线路和森林的勘测定向。精度要求不高时，可以用磁方位角代替坐标方位角。罗盘仪主要由望远镜、罗盘盒、基座三部分组成，如图 4.6 所示。

（1）望远镜

望远镜用于瞄准目标，它由物镜、十字丝、目镜组成。望远镜一侧为竖直度盘，可以测量竖直角。

（2）罗盘盒

罗盘盒主要由磁针、刻度盘和水准器组成，是仪器的测角和读数设备。

①磁针：磁针是用人造磁铁制成，用于确定南北方向并用作指标读数。磁针安装在度盘中心顶针上，可自由转动，为减少顶针的磨损，不用时，用磁针制动螺旋将磁针抬起，固定在玻璃盖上。由

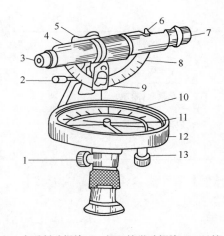

1—水平制动螺旋；2—望远镜微动螺旋；3—目镜；
4—缺口；5—望远镜制动螺旋；6—准星；7—物镜；
8—竖直度盘；9—竖盘指标；10—刻度盘；11—磁针；
12—罗盘盒；13—磁针制动螺旋。

图 4.6 罗盘仪的构造

于磁针受到地磁的吸引，它静止后，一端指向地磁的北极，一端指向地磁的南极。磁针因受地磁的影响，使它与水平面形成一个倾斜的角度，这个角度称为磁倾角。在北半球，磁针的北端向下倾斜，磁针南端装有铜箍以克服磁倾角，使磁针转动时保持水平。

②刻度盘：刻度盘为铜或铝制的圆盘，最小刻划为 1° 或 30′，每 10° 作一注记。度盘有两种刻度方式：一种是按逆时针方向从 0° 注记到 360°，并且 0° 与 180° 的连线与望远镜的视准轴一致，可以直接读出直线的磁方位角，称为方位罗盘，如图 4.7 所示；另一种刻度方式是以一个直径的两端为 0°，各向左右两侧分别刻至 90°，把一周分成四个象限，在 0° 分划处分别注有"南"和"北"，在 90° 分划处分别注有"东"和"西"，但东西两字的位置与实际的相反，过 0° 的直径和望远镜视准轴方向一致，用这种刻度的罗盘仪可以直接读出直线的磁象限角，因此称为象限罗盘，如图 4.8 所示。

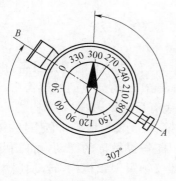

图 4.7　方位罗盘

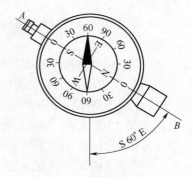

图 4.8　象限罗盘

③水准器：由于观测时随望远镜转动的不是磁针（磁针永指南北），而是刻度盘，为了直接读取磁方位角，所以刻度以逆时针注记。此外，罗盘盒内还装有两个水准管或一圆水准器以使度盘水平。

（3）基座

基座主要由球臼和连接螺旋组成，是安置仪器的重要设备。松开球臼接头螺旋，可摆动罗盘盒使水准气泡居中，此时旋紧球臼接头螺旋可使刻度盘处于水平位置。

2. 罗盘仪的使用

①安置罗盘仪于直线的一个端点，进行对中和整平。

②用望远镜瞄准直线另一端点的标杆。

③松开磁针制动螺旋，将磁针放下，待磁针静止后，磁针在刻度盘上所指的读数即为该直线的磁方位角。读数时刻度盘的 0°刻划在望远镜的物镜一端，应按磁针北端读数；若在目镜一端，则应按磁针南端读数。如图 4.9 所示，刻度盘 0°刻划在物镜一端，应按北针读数，其磁方位角为 240°。

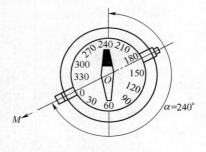

图 4.9　罗盘仪的使用

职业贴士

（1）使用罗盘仪测量时，凡属铁质器具，如：测钎、铁锤等物，应远离仪器，以免影响磁针的指北精度。

（2）使用罗盘仪时应避免在磁场力异常地区作业，如：高压线、铁矿等附近。雷电时应停止测量。

（3）必须保持磁针静止后才能读数，读数完毕应将磁针固定，以免磁针顶针磨损和磁针脱落。

（4）若磁针摆动时间较长后还静止不下来，说明磁针磁性不足，应进行补磁。

4.2.2　用陀螺经纬仪测定真方位角

1. 概述

陀螺经纬仪是陀螺仪和经纬仪相结合测定真方位角的仪器。陀螺仪内悬挂有三向自由旋转的陀螺，利用陀螺的特性定出真北方向，再用经纬仪测出真北至直线的水平角，即可确定其真方位角。利用陀螺经纬仪定向，操作简单迅速，且不受时间制约，常用于公路、铁路、隧道测量。

2. 陀螺经纬仪的构造

如图4.10所示，陀螺经纬仪由经纬仪、陀螺仪、陀螺电源等组成。

（1）陀螺仪

图4.11为陀螺仪的结构示意图。陀螺仪是陀螺经纬仪自动寻北的关键设备，由灵敏部、观测系统和锁紧装置构成。陀螺仪的核心是陀螺马达4，装在密封充氢的陀螺房中，通过悬挂柱10由悬挂带1及旁路结构给其供电，在悬挂柱10上装有反光镜，它们共同构成了陀螺灵敏部。与陀螺仪支架13固定在一起的光标线3经反光棱镜、反光镜反射后，再通过物镜组，成像在目镜分划板5上，光标像在目镜视场内的摆动，反映了陀螺灵敏部的摆动，可以利用目镜分划进行读数，它们共同构成了观测系统。图中17为陀螺仪锁紧限幅机构，转动仪器外部的手轮，通过凸轮7带动锁紧限幅机构的升降，使陀螺灵敏部托起（锁紧）或下放（摆动）。此外，仪器外壳14内壁和底部装有磁屏蔽罩15，用来防止外界磁场的干扰。陀螺仪和经纬仪的连接靠桥形支架9及螺纹压环8的压紧来实现，并用桥形支架顶部的三个球形顶尖插入陀螺仪底部的三条V形槽来达到强制归心的目的。

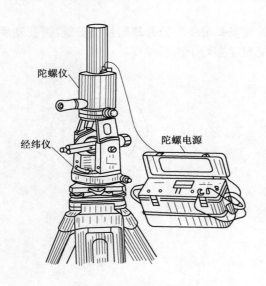

图4.10　陀螺经纬仪

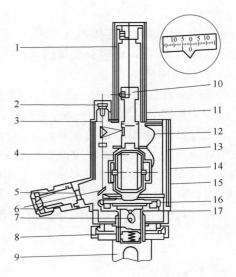

1—悬挂带；2—照明灯；3—光标；4—陀螺马达；
5—分划板；6—目镜；7—凸轮；8—螺纹压环；
9—桥形支架；10—悬挂柱；11—上部外罩；12—导流丝；
13—支架；14—外壳；15—磁屏蔽罩；16—灵敏部底座；
17—锁紧限幅机构。

图4.11　陀螺仪内部构造

整个陀螺仪装在经纬仪照准部连接支架（或桥式支架）上。连接支架由工厂装架好，照准部旋转时陀螺仪也随之旋转，不用陀螺仪时可将其从连接支架上取下，经纬仪可单独使用。

（2）陀螺电源

陀螺电源总体分为两层，下层是蓄电池，上层是逆变器，可将直流电变为交流电输出，供陀螺马达使用。逆变器面板上设有操作指示机构。

虽然陀螺经纬仪的产品有多种型号，切各具特色，但其结构基本如上所述。

3. 陀螺经纬仪的使用

首先在待测直线的一端点上安置经纬仪,将陀螺仪与经纬仪连接好并接通电源,对中、整平,大致对准北方向,经粗略寻北(又称粗略寻北)、精密寻北(又称精密定向)后,再照准待测直线另一端点,用一个测回测定待测直线的北方向值,然后根据下式计算待测直线的真方位角。

$$A = (L+R \pm 180°)/2 - N_T + K_1 + K_2 \tag{4.5}$$

式中　　　　　L, R ——经纬仪盘左、盘右照准待测直线端点时的读数;

$(L+R \pm 180°)/2$ ——待测直线的方向值;

N_T ——陀螺北方向值;

K_1 ——陀螺仪零点改正数;

K_2 ——仪器常数。

其中,K_1、K_2 是观测前在仪器检验时求得的。

在陀螺经纬仪定向测量过程中,粗略定向和精密定向是十分重要的观测步骤。各种型号陀螺仪的使用方法,应根据各仪器说明书上的有关规定及注意事项,进行施测。

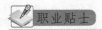 职业贴士

(1)制动陀螺仪时,陀螺仪灵敏部必须处在托起(锁紧)状态,以防止悬挂带和导流丝受损。在陀螺运转时不许搬动仪器。

(2)使用电源逆变器时,注意正确接线,没有陀螺仪负载时不得开启电源。关机电动机停转后,应将扭式开关扳"关"档,以免长期放在"制动"档损坏逆变器。

(3)蓄电池充电时,不要过量充电。当发现单体蓄电池有鼓胀或者电压高于设计电压时,应立即停止充电。

(4)仪器在长途运输过程中,注意做好防振工作,且仪器箱不得倒置。

 小结

本章着重介绍了测量工作的直线定向的知识。直线的标准方向有 3 个,要注意坐标方位角的性质和特点,同一条直线的正反坐标方位角相差 180°;坐标方位角的推算公式及适用条件要记住;坐标方位角与象限角是怎样换算的。

 复习思考题

1. 什么是方位角? 方位角有几种? 什么是象限角? 方位角与象限角有什么关系?

2. 什么是正象限角? 什么是反象限角? 它们有什么关系?

 复习测试题

1. 设直线 AB 的坐标方位角 $\alpha_{AB} = 223°10'$,直线 BC 的坐标象限角为南偏东 $50°25'$,试求小夹角 $\angle CBA$,并绘图示意。

2. 直线 AB 的坐标方位角 $\alpha_{AB} = 106°38'$,求它的反方位及象限角,并绘图示意。

第5章 全站仪测量技术

全站仪是目前工程测量中应用最为广泛的测量仪器之一。它是集电子经纬仪、测距仪及计算处理系统于一体的现代化测量工具。

5.1 全站仪简介

24. 全站仪简介

全站仪的使用,在工程测量技术上可以称得上是一次划时代的飞跃。目前,不管是在工程勘测、工程施工还是在工程监测中,到处都能见到全站仪的身影。

5.1.1 定义

全站型电子速测仪是由电子测角、电子测距、电子计算和数据存储等单元组成的三维坐标测量系统,能自动显示测量结果,能与外围设备交换信息的多功能测量仪器。由于仪器较完善的实现了测量和处理过程的电子一体化,通常称之为全站型电子速测仪,一般简称为全站仪。

5.1.2 常用全站仪

目前工程中常见的全站仪品牌主要有以下几种,如图5.1～图5.9所示,它们的构造及操作各有特点,使用时可以根据工程特点及实际需要进行选择。

图5.1 南方全站仪

图5.2 科力达全站仪

图 5.3 徕卡全站仪

图 5.4 拓普康全站仪

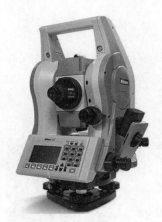

图 5.5 尼康全站仪

图 5.6 索佳全站仪

图 5.7 天宝全站仪

图 5.8 宾得全站仪

图 5.9 中海达全站仪

5.1.3 全站仪的构造

全站仪主要由望远镜、操作按键及处理器三大部件组成。每个大部件又由若干细部件组成。南方 NTS-350 全站仪的构造如图 5.10～图 5.12 所示。

图 5.10 全站仪构造（盘右）

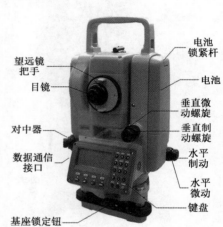
图 5.11 全站仪构造（盘左）

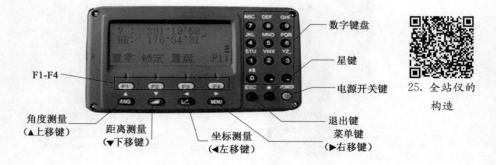
图 5.12 全站仪的键盘

25. 全站仪的构造

5.1.4　全站仪的基本功能

1. 角度测量

(1)功能:测水平角、竖直角。

(2)方法:与经纬仪相同。

若要测出水平角∠AOB,确认处于角度测量模式,按下列操作步骤进行,如图 5.13 所示。

操作过程	操作	显示
①照准第一个目标A	照准A	V ：82° 09′ 30″ HR：90° 09′ 30″ 置零　锁定　置盘　P1↓
②设置目标A 的水平角为 0° 00′ 00″ 按 F1 (置零)键和 F3 (是) 键	F1	水平角置零 　＞OK? ---　--　[是]　[否]
	F3	V ：82° 09′ 30″ HR：0° 00′ 00″ 置零　锁定　置盘　P1↓
③照准第二个目标B,显示目 标B 的 V/H	照准目标B	V ：92° 09′ 30″ HR：67° 09′ 30″ 置零　锁定　置盘　P1↓

图 5.13　全站仪角度测量

2. 距离测量

(1)功能:可测量平距、高差和斜距(全站仪镜点至棱镜镜点间高差及斜距)。

(2)方法:照准棱镜中心点,按[距离测量]键,显示屏上便显示相应的距离。

3. 坐标测量

(1)功能:测量出点位的三维坐标。

(2)方法:输入测站点坐标(X,Y,H),仪器高,棱镜高;瞄准后视点,将水平度盘读数设置为测站至后视点的坐标方位角;瞄准目标棱镜点,按[MEAS]([测量])键,屏幕便显示测量点的三维坐标。

4. 点位放样

(1)功能:根据设计的待放样点 P 及已知点的坐标,在实地标出点 P 的平面位置及填挖高度。

(2)方法:输入测站点坐标(X,Y,H),仪器高,棱镜高;瞄准后视点,将水平度盘读数设置为测站至后视点的坐标方位角;在待放样点的大致位置立棱镜对其进行观测,测出当前棱镜位置的坐标;将当前坐标与放样点的坐标相比较,计算出其差值。距离差值 dD 和角度差 dHR 或纵向差值 ΔX 和横向差值 ΔY;根据显示的 dD、dHR 或 ΔX、ΔY,逐渐找到放样点的位置。

5. 其他功能

全站仪还具有其他功能,主要包括:

（1）数据采集。

（2）对边测量、悬高测量、面积测量、导线测量、后方交会等。

（3）数据存储管理。包括数据的传输、数据文件的操作（改名、删除、查阅）。

5.2　全站仪的操作使用

不同的全站仪，其操作不尽相同，但其基本步骤大同小异，现以南方全站仪 NTS-350 系列为例，详细讲述全站仪的操作方法。

5.2.1　全站仪基本特点

26. 全站仪
的操作

南方 NTS-350 系列全站仪主要具有以下特点：

（1）功能丰富。

（2）数字键盘操作快速。

（3）强大的内存管理。

（4）自动化数据采集。

（5）望远镜镜头更轻巧。

（6）特殊测量程序。

（7）中文界面和菜单。

27. 全站仪
架设

5.2.2　全站仪基本操作

1. 仪器开箱和存放

（1）开箱

轻轻地放下箱子，让其盖朝上，打开箱子的锁栓，开箱盖，取出仪器。

（2）存放

盖好望远镜镜盖，使照准部的垂直制动手轮和基座的圆水准器朝上将仪器平卧（望远镜物镜端朝下）放入箱中，轻轻旋紧垂直制动手轮，盖好箱盖并关上锁栓。

2. 基座的装卸

（1）拆卸

如有需要，三角基座可从仪器（含采用相同基座的反射棱镜基座连接器）上卸下，先用螺丝刀松开基座锁定钮固定螺钉，然后逆时针转动锁定钮约 180°，即可使仪器与基座分离，如图 5.14 所示。

（2）安装

将仪器的定向凸出标记与基座定向凹槽对齐，把仪器上的三个固定脚对应放入基座的孔中，使仪器装在三角基座上，顺时针转动锁定钮约 180°使仪器与基座锁定，再用螺丝刀将锁定钮固定螺钉旋紧。

图 5.14　全站仪基座

3. 望远镜目镜调整和目标照准

（1）将望远镜对准明亮天空，旋转目镜筒，调焦看清十字丝（先朝自己方向旋转目镜筒再慢慢旋进调焦清楚十字丝）。

（2）利用粗瞄准器内的三角形标志的顶尖瞄准目标点,照准时眼睛与瞄准器之间应保留有一定距离。

（3）利用望远镜调焦螺旋使目标成像清晰。

4. 打开和关闭电源

（1）开机

确认仪器已经整平;按电源开关键（[POWER]键）。

（2）关机

确认测量已完成;按电源开关键（[POWER]键）2 s,出现菜单后选择确定 。

注意:在进行测量的过程中,千万不能不关机拔下电池,否则测量数据将会丢失!

5. 字母数字的输入方法

如仪器高、棱镜高、测站点和后视点等条目的选择与数字的输入,当菜单中显示"字母"时即可输入字母,当菜单中显示"数字"时即可输入数字。当所输入的字母中有连续两个字母在同一键上,在输入其中的第二个字母时,则需要用键将光标移到下一位。修改字符,可以按左右选择键将光标移到待修改的字符上,并再次输入。

6. 键盘功能与信息

（1）键盘布置,如图 5.15 所示。

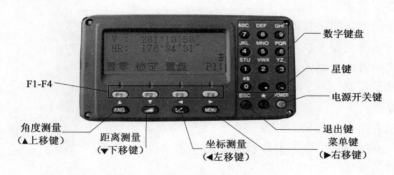

图 5.15　键盘布置

（2）键盘功能,如图 5.16 所示。

键盘符号: ANG　◢　▱　MENU　ESC　POWER　F1 - F4　0　9

按键	名 称	功 能
ANG	角度测量键	进入角度测量模式（▲上移键）
◢	距离测量键	进入距离测量模式（▼下移键）
▱	坐标测量键	进入坐标测量模式（◀左移键）
MENU	菜单键	进入菜单模式（▶右移键）
ESC	退出键	返回上一级状态或返回测量模式
POWER	电源开关键	电源开关
F1 - F4	软键（功能键）	对应于显示的软键信息
0 - 9	数字键	输入数字和字母、小数点、负号
★	星键	进入星键模式

图 5.16　键盘功能

（3）显示符号所代表的内容，如图 5.17 所示。

显示符号	内容
V%	垂直角（坡度显示）
HR	水平角（右角）
HL	水平角（左角）
HD	水平距离
VD	高差
SD	斜距
N	北坐标
E	东坐标
Z	高程
*	DEM（电子测距）正在进行
m	以米为单位
ft	以英尺为单位

图 5.17　显示符号的内容

5.2.3　全站仪的使用

1. 全站仪的安置

全站仪的安置过程与经纬仪的安置过程基本一致，主要包括如下步骤：

（1）安置三脚架。

（2）将仪器安置到三脚架上。

（3）利用圆水准器粗平仪器。

（4）利用长水准器精平仪器。

（5）利用光学对中器对中。

（6）最后精平仪器。

2. 角度测量

（1）水平角右角和垂直角的测量

确认处于角度测量模式，其操作步骤如图 5.13 所示。

（2）水平角的设置

通过锁定角度值进行设置（确认处于角度测量模式），其操作步骤如图 5.18 所示。

操作过程	操作	显示
①用水平微动螺旋转到所需的水平角	显示角度	V:　　122° 09′ 30″ HR:　　90° 09′ 30″ 置零　锁定　置盘　P1↓
②按 F2 （锁定）键	F2	水平角锁定 HR:"　90° 09′ 30″ 　＞设置　? ---　　---　　[是]　[否]
③照准目标	照准	
④按 F3 （是）键完成水平角设置 *1)，显示窗变为正常的角度测量模式	F3	V:　　122° 09′ 30″ HR:　　90° 09′ 30″ 置零　锁定　置盘　P1↓
*1) 若要返回上一个模式，可按 F4 （否）键		

图 5.18　设置水平角

也可以通过设置角度功能,直接输入所需要的角度,输入时,小数点前面的为度,小数点后面前两位数字为分,再后两位数字代表秒。如设置角度为 $123°40'25''$,可直接输入 123.4025 按[确认]键即可。

3. 距离测量

(1)连续测量(确认处于测角模式),其过程如图 5.19 所示。

操作过程	操作	显示
①照准棱镜中心	照准	V: 90° 10′ 20″ HR: 170° 30′ 20″ H-蜂鸣　R/L　竖角　P3↓
②按◢键,距离测量开始*1),2);	◢	HR: 170° 30′ 20″ HD*[r]　　　　　<<m VD:　　　　　　m 测量　模式 S/A　P1↓
		HR: 170° 30′ 20″ HD*　　　235.343m VD*　　　36.551m 测量　模式 S/A　P1↓
显示测量的距离*3)—*5) 再次按◢键,显示变为水平角(HR)、垂直角(V)和斜距(SD)	◢	V: 90° 10′ 20″ HR: 170° 30′ 20″ SD*　　　241.551m 测量　模式 S/A　P1↓

图 5.19　连续距离测量

(2)N 次测量/单次测量

当输入测量次数后,仪器就按设置的次数进行测量,并显示出距离平均值。当输入测量次数为 1,因为是单次测量,仪器不显示距离平均值,按图 5.20 进行。

操作过程	操作	显示
①照准棱镜中心	照准	V: 122° 09′ 30″ HR: 90° 09′ 30″ 置零　锁定　置盘　P1↓
②按◢键,连续测量开始*1);	◢	HR: 170° 30′ 20″ HD*[r]　　　　<<m VD:　　　　　m 测量　模式 S/A　P1↓
③当连续测量不再需要时,可按F1(测量)键*2),测量模式为 N 次测量模 当光电测距(EDM)正在工作时,再按F1(测量)键,模式转变为连续测量模式。	F1	HR: 170° 30′ 20″ HD*[n]　　　　<<m VD:　　　　　m 测量　模式 S/A　P1↓ HR: 170° 30′ 20″ HD　　　566.346 m VD　　　89.678 m 测量　模式 S/A　P1↓

图 5.20　距离 N 次测量/单次测量

4. 标准测量

(1)设置测站点

可利用内存中的坐标数据来设定或直接由键盘输入，利用内存中的坐标数据来设置测站点的操作步骤如图 5.21 所示。

操作过程	操作	显示
①由数据采集菜单 1/2，按 F1（输入测站点）键，即显示原有数据	F1	点号 ->PT-01 标识符 ：_____ 仪高 0.000 m 输入 查找 记录 测站
②按 F4（测站）键	F4	测站点 点号： PT-01 输入 调用 坐标 回车
③按 F1（输入）键	F1	测站点 点号： PT-01 回退 空格 数字 回车
④输入点号，按 F4 键*1)	输入点号 F4	点号 ->PT-11 标识符 ： 仪高 0.000 m 输入 查找 记录 测站
⑤输入标识符，仪高*2) *3)	输入标识符 输入仪高	点号 ->PT-11 标识符 ： 仪高： 1.235 m 输入 查找 记录 测站
⑥按 F3（记录）键	F3	点号 ->PT-11 标识符 ： 仪高-> 1.235 m 输入 查找 记录 测站 >记录？ [是] [否]
⑦按 F3（是）键，显示屏返回数据采集菜单 1/3	F3	数据采集 1/2 F1： 输入测站点 F2： 输入后视点 F3： 测量 P↓
*1)如果不需要输入仪高（仪器高），则可按 F3（记录）键； *2)在数据采集中存入的数据有点号，标识符和仪高； *3)如果在内存中找不到给定的点，则在显示屏上就会显示"该点不存在"		

图 5.21 设置测站点

(2)设置后视点

通过输入点号设置后视点将后视定向角数据存在仪器内，其步骤如图 5.22 所示。

操作过程	操作	显示
①由数据采集菜单 1/2 按 F2（后视），即显示原有数据	F2	后视点　-> 编码　： 镜高　：　　0.000　m 输入　置零　测量　后视
②按 F4（后视）键*1)	F4	后视 点号-> 输入　调用　NE/AZ　[回车]
③按 F1（输入）键	F1	后视 点号　： 回退　空格　数字　回车
④输入点号，按 F4（ENT）键 *2) 按同样方法，输入点编码，反射镜高 *3) *4)	输入 PT # F4	后视点　->PT-22 编码　： 镜高　：　　0.000　m 输入　置零　测量　后视
⑤按 F3（测量）键	F3	后视点　->PT-22 编码　： 镜高　：　　0.000　m 角度　*斜距　坐标　---
⑥照准后视点 选择一种测量模式并按相应的软键 例：F2（斜距）键 进行斜距测量，根据定向角计算结果设置水平度盘读数测量结果被寄存，显示屏返回到数据采集菜单 1/2	照准 F2	V：　　90° 00′ 00″ HR：　　0° 00′ 00″ SD*　　　<<< m >测量…
		数据采集　　　　1/2 F1：　输入测站点 F2：　输入后视点 F3：　测量　　　　P↓

*1)每次按 F3 键，输入方法就在坐标值，设置角和坐标点之间交替交换；
*2)如果在内存中找不到给定的点，则在显示屏上就会显示"该点不存在"

图 5.22　设置后视点

（3）碎部测量

即进行待测点测量，并存储数据，其操作步骤如图 5.23 所示。

5. 坐标测量

通过输入仪器高和棱镜高后测量坐标时，可直接测定未知点的坐标，其操作步骤如图 5.24所示。

注意：进行坐标测量，要先设置测站坐标，测站高，棱镜高及后视方位角。

操作过程	操作	显示
① 由数据采集菜单 1/2，按 F3（测量）键，进入待测点测量	F3	数据采集　　　　1/2 F1: 测站点输入 F2: 输入后视 F3: 测量　　　　P↓ 点号 -> 编码： 镜高：　　0.000 m 输入　查找　测量　同前
②按 F1（输入）键，输入点号后*1) 按 F4 确认	F1 输入点号 F4	点号　= PT-01 编码： 镜高：　　0.000 m 回退　空格　数字　回车 点号　= PT-01 编码 -> 镜高：　　0.000 m 输入　查找　测量　同前
③按同样方法输入编码，棱镜高 *2)	F1 输入编码 F4 F1 输入镜高 F4	点号：　　PT-01 编码 -> SOUTH 镜高：　　1.200 m 输入　查找　测量　同前 角度　*斜距　坐标　偏心
④按 F3（测量）键	F3	
⑤照准目标点	照准	
⑥按 F1 到 F3 中的一个键*3) 例: F2（斜距）键 开始测量 数据被存储，显示屏变换到下一个镜点	F2	V:　　90° 00′ 00″ HR:　　0° 00′ 00″ SD* [n]　　<<< m >测量... 　< 完成 >
⑦输入下一个镜点数据并照准该点		点号　->PT-02 编码　SOUTH 镜高：　　1.200 m 输入　查找　测量　同前
⑧按 F4（同前）键 按照上一个镜点的测量方式进行测量 测量数据被存储 按同样方式继续测量 按 ESC 键即可结束数据采集模式。	照准 F4	V:　　90° 00′ 00″ HR:　　0° 00′ 00″ SD* [n]　　<<< m >测量... 　< 完成 > 点号　->PT-03 编码　SOUTH 镜高：　　1.200 m 输入　查找　测量　同前

*1) 点编码可以通过输入编码库中的登记号来输入，为了显示编码库文件内容，可按 F2（查找）键；
2) 符号 "" 表示先前的测量模式

图 5.23　碎部测量

操作过程	操作	显示
①设置已知点 A 的方向角*1)	设置方向角	V:　122° 09′ 30″ HR:　90° 09′ 30″ 置零　锁定　置盘　P1↓
②照准目标 B,按□键 *2)	照准棱镜	N:　　　　<<　m E:　　　　　　m Z:　　　　　　m 测量　模式　S/A　P1↓
③按 F1 (测量)键, 开始测量	F1	N*　286.245 m E:　76.233 m Z:　14.568 m 测量　模式　S/A　P1↓

*1)在测站点的坐标未输入的情况下,(0,0,0)作为缺省的测站点坐标
*2)当仪器高未输入时,仪器高以 0 计算;当棱镜高未输入时,棱镜高以 0 计算

图 5.24　坐标测量

6. 程序测量

(1)对边测量

对边测量模式有两个功能。

①MLM−1($A-B,A-C$):测量 $A-B,A-C,A-D,\cdots$

②MLM−2($A-B,B-C$):测量 $A-B,B-C,C-D,\cdots$

对边测量的操作过程如图 5.25 所示。

操作过程	操作	显示
①按 MENU 键, 再按 F4 (P↓),进入第 2 页菜单	MENU F4	菜单　　　　2/3 F1: 程序 F2: 格网因子 F3: 照明　　　P1↓
②按 F1 键, 进入程序	F1	菜单　　　　1/2 F1: 悬高测量 F2: 对边测量 F3: Z坐标　　P1↓
③按 F2 (对边测量)键	F2	对边测量 F1: 使用文件 F2:不使用文件
④按 F1 或 F2 键, 选择是否使用坐标文件 [例: F2:不使用坐标文件]	F2	格网因子 F1: 使用格网因子 F2:不使用格网因子
⑤按 F1 或 F2 键, 选择是否使用坐标格网因子	F2	对边测量 F1: MLM-1(A-B,A-C) F2: MLM-2(A-B,B-C)
⑥按 F1 键	F1	MLM-1(A-B, A-C) <第一步> HD:　　　　　m 测量　镜高　坐标　设置

图　5.25

操作过程	操作	显示
⑦照准棱镜A，按 F1（测量）键显示仪器至棱镜A之间的平距（HD）	照准A F1	MLM-1 (A-B,A-C) <第一步> HD*[n]　　　　<< m 测量　镜高　坐标　设置 MLM-1 (A-B,A-C) <第一步> HD*　　　287.882 m 测量　镜高　坐标　设置
⑧测量完毕，棱镜的位置被确定	F4	MLM-1 (A-B,A-C) <第二步> HD*　　　　　　　m 测量　镜高　坐标　设置
⑨照准棱镜B，按 F1（测量）键显示仪器到棱镜B的平距（HD）	照准B F1	MLM-1 (A-B,A-C) <第二步> HD*　　　　　　<< m 测量　镜高　坐标　设置 MLM-1 (A-B,A-C) <第二步> HD*　　　223.846 m 测量　镜高　坐标　设置
⑩测量完毕，显示棱镜A与B之间的平距（dHD）和高差（dVD）	F4	MLM-1 (A-B,A-C) dHD:　　　21.416　m dVD:　　　1.256　m ---　　---　平距　---

图 5.25　对边测量

（2）悬高测量

为了得到不能放置棱镜的目标点高度，只需将棱镜架设于目标点所在铅垂线上的任一点，然后进行悬高测量。

①有棱镜高(h)输入的情形（例如:h=1.3 m），悬高测量的操作步骤如图 5.26 所示。

操作过程	操作	显示
①按 MENU 键，再按 F4（P↓）键，进入第2页菜单	MENU F4	菜单　　　　　　2/3 F1：程序 F2：格网因子 F3：照明　　　　P1↓
②按 F1 键，进入程序	F1	程序　　　　　　1/2 F1：悬高测量 F2：对边测量 F3：Z坐标
③按 F1（悬高测量）键	F1	悬高测量 F1：输入镜高 F2：无需镜高
④按 F1 键	F1	悬高测量-1 <第一步> 镜高：　　0.000m 输入　---　---　回车
⑤输入棱镜高*1)	F1 输入棱镜高 1.3 F4	悬高测量-1 <第二步> HD：　　　　　　m 测量　---　---　设置

图　5.26

⑥照准棱镜	照准 P	悬高测量-1 <第二步> HD*　　　　　　<< m 测量
⑦按 F1（测量）键 测量开始显示仪器至棱镜之间的水平距离 （HD）	F1	悬高测量-1 <第二步> HD*　　　123.342 m 测量　　　　　设置
⑧测量完毕，棱镜的位置被确定	F4	悬高测量-1 VD：　　　3.435 m --- 镜高 平距 ---
⑨照准目标 K 显示垂直距离（VD）*2)	照准 K	悬高测量-1 VD：　　　24.287 m --- 镜高 平距 ---
*1)按 F2（镜高）键，返回步骤⑤，按 F3（平距）键，返回步骤⑥； *2)按 ESC 键，返回程序菜单		

图 5.26　悬高测量 1

②没有棱镜高输入的情况，悬高测量的操作过程如图 5.27 所示。

（3）面积计算

用测量数据计算面积，测量的操作过程如图 5.28 所示。

操作过程	操作	显示
①按 MENU 键，再按 F4，进入第 2 页菜单	MENU F4	菜单　　　　　2/3 F1：程序 F2：格网因子 F3：照明　　　P1↓
②按 F1 键，进入特殊测量程序	F1	菜单 F1：悬高测量 F2：对边测量 F3：Z 坐标
③按 F1 键，进入悬高测量	F1	悬高测量　　　1/2 F1：输入镜高 F2：无需镜高
④按 F2 键，选择无棱镜模式	F2	悬高测量-2 <第一步> HD：　　　　　　m 测量 --- --- 设置
⑤照准棱镜	照准 P	悬高测量-2 <第一步> HD*　　　　　<< m 测量 --- --- 设置

图　5.27

操作过程	操作	显示
⑥按 F1（测量）键测量开始显示仪器至棱镜之间的水平距离	F1	悬高测量-2 <第一步> HD*　　287.567 m 测量　---　---　---
⑦测量完毕，棱镜的位置被确定	F4	悬高测量-2 <第二步> V:　80° 09′ 30″ ---　---　---　设置
⑧照准地面点 G	照准 G	悬高测量-2 <第二步> V:　122° 09′ 30″ ---　---　---　设置
⑨按 F4（设置）键，G点的位置即被确定，*1)	F4	悬高测量-2 VD:　　0.000 m ---　垂直角　平距　---
⑩照准目标点 K 显示高差（VD）*2)	照准 K	悬高测量-2 VD:　　10.224 m ---　垂直角　平距　---

*1) 按 F3（.HD）键，返回步骤⑤，按 F2（V）键，返回步骤⑧；
*2) 按 ESC 键，返回程序菜单

图 5.27　悬高测量 2

操作过程	操作	显示
①按 MENU 键，再按 F4（P↓）显示主菜单 2/3	MENU F4	菜单　　　　2/3 F1：程序 F2：格网因子 F3：照明　　P1↓
②按 F1 键，进入程序	F1	程序　　　　1/2 F1：悬高测量 F2：对边测量 F3：Z坐标　　P1↓
③按 F4（P1↓）键	F4	程序　　　　2/2 F1：面积 F2：点到线测量 　　　　P1↓
④按 F1（面积）键	F1	面积 F1：文件数据 F2：测量
⑤按 F2（测量）键	F2	面积 F1：使用格网因子 F2：不使用格网因子

图　5.28

⑥按 F1 或（F2）键，选择是否使用坐标格网因子。如选择 F2 不使用格网因子	F2	面积　　　　　　　　0000 　　　　　　　　m.sq 测量　---　　单位　---
⑦照准棱镜，按 F1（测量）键，进行测量*1)	照准 P F1	N*[n]　　　　　　 << m E:　　　　　　　　　m Z:　　　　　　　　　m >测量……
⑧照准下一个点，按 F1（测量）键，测三个点以后显示出面积。	照准 F1	面积　　　　　　　　0003 　　　　　　11.144m.sq 测量　---　　单位　---
*1) 仪器处于 N 次测量模式		

图 5.28　面积计算

7. 坐标点放样

已知坐标的情况下，进行点位放样，其操作过程主要包括如下步骤：

(1)建站，如图 5.29 所示。

(2)输入后视点，并定向，如图 5.30 所示。

(3)放样，如图 5.31 所示。

28. 全站仪
坐标放样

操作过程	操作	显示
①由放样菜单 1/2 按 F1（测站点号 输入）键，即显示原有数据	F1	测站点 点号：_____ 输入　调用　坐标　回车
②按 F3（坐标）键	F3	N:　　　　　0.000　m E:　　　　　0.000　m Z:　　　　　0.000　m 输入　---　点号　回车
③按 F1（输入）键，输入坐标值按 F4（ENT）键*1),*2)	F1 输入坐标 F4	N:　　　　10.000　m E:　　　　25.000　m Z:　　　　63.000　m 输入　---　点号　回车
④按同样方法输入仪器高，显示屏返回到放样菜单 1/2	F1 输入仪高 F4	仪器高 输入 仪高：　　　0.000　m 输入　---　---　回车
⑤返回放样菜单	F1 输入 F4	放样　　　　　　　1/2 F1:输入测站点 F2:输入后视点 F3:输入放样点　　　P↓
*1),*2)可以将坐标值存入仪器，参见 "基本设置"		

图 5.29　建站

操作过程	操作	显示
①由放样菜单 1/2 按 F2（后视）键，即显示原有数据	F2	后视 点号 = : 输入 调用 NE/AZ 回车
②按 F3（NE/AZ）键	F3	N-> 　　0.000 m E: 　　0.000 m 输入 --- 点号 回车
③按 F1（输入）键，输入坐标值按 F4（回车）键*1),*2)	F1 输入坐标 F4	后视 H(B)= 120° 30′ 20″ >照准? 　　[是] [否]
④照准后视点	照准后视点	
⑤按 F3（是）键，显示屏返回到放样菜单 1/2	照准后视点 F3	放样 　　　1/2 F1：输入测站点 F2：输入后视点 F3：输入放样点 　　P↓

*1),*2)可以将坐标值存入仪器，参见"基本设置"

图 5.30　输入后视点并定向

操作过程	操作	显示
①由放样菜单 1/2 按 F3（放样）键	F3	放样 　　　1/2 F1：输入测站点 F2：输入后视点 F3：输入放样点 　　P↓ 放样 　点号：_____ 输入 调用 坐标 回车
② F1（输入）键，输入点号*1)，按 F4（ENT）键*2)	F1 输入点号 F4	镜高 输入 镜高: 　　0.000 m 输入 --- 回车
③按同样方法输入反射镜高，当放样点设定后，仪器就进行放样元素的计算 HR：放样点的水平角计算值 HD：仪器到放样点的水平距离计算值	F1 输入镜高 F4	计算 HR：122° 09′ 30″ HD： 245.777 m 角度 距离 --- ---
④照准棱镜，按 F1 角度键 点号：放样点 HR：实际测量的水平角 dHR：对准放样点仪器应转动的水平角 　　 =实际水平角一计算的水平角 当 dHR=0°00′00″时，即表明放样方向正确	照准 F1	点号：LP-100 HR：2° 09′ 30″ dHR：22° 39′ 30″ 距离 --- 坐标 ---

图　5.31

⑤按 F1（距离）键 HD：实测的水平距离 dHD：对准放样点尚差的水平距离 =实测高差 - 计算高差　*2)	F1	HD*[r]　　　　< m dHD：　　　　 m dZ：　　　　　m 模式　角度　坐标　继续 HD*　　 245.777 m dHD：　 - 3.223 m dZ：　　 - 0.067m 模式　角度　坐标　继续
⑥按 F1（模式）键进行精测	F1	HD*[r]　　　　< m dHD：　　　　 m dZ：　　　　　m 模式　角度　坐标　继续 HD*　　 244.789 m dHD：　 - 3.213 m dZ：　　 - 0.047m 模式　角度　坐标　继续
⑦当显示值 dHR，dHD 和 dZ 均为 0 时，则放样点的测设已经完成*3)		
⑧按 F3（坐标）键，即显示坐标值	F3	N：　 12.322 m E：　 34.286 m Z：　 1.5772 m 模式　角度　---　继续
⑨按 F4（继续）键，进入下一个放样点的测设	F4	放样 点号：_____ 输入　调用　坐标　回车

*1）若文件中不存在所需的坐标数据，则无需输入点号；
*2）可以使用填、挖显示功能，参见"基本设置"

图 5.31　坐标点放样

技能训练 7

全站仪基本操作训练。

一、训练目的

①熟悉全站仪的组成：认识全站仪的构造、各部件的名称及作用。

②掌握全站仪的操作使用，能采用全站仪进行仪器安置并进行角度、距离及坐标测量的操作。

二、训练安排

①实训分组安排：每组 4～5 人。

②时间安排。

序号	实训单项名称（或任务名称）	具体内容（知识点）	学时数	备注
1	全站仪基本操作实训	测距、测坐标	2	

三、训练内容与训练步骤

1. 训练内容

①每人完成距离、角度测量各一次。

②用全站仪的坐标测量模式进行点三维坐标测量。

2. 训练步骤

(1)全站仪的安置

松开三脚架，安置于测站点上。三脚架高度大约在胸口附近，架头大致水平。打开仪器箱，双手握住仪器支架，将仪器从箱中取出置于架头上。一手紧握支架，一手拧紧连接螺旋。

(2)熟悉仪器各部件名称和作用

按图 5.32 所示，熟悉全站仪的各部件名称，并能指出各名称的作用。

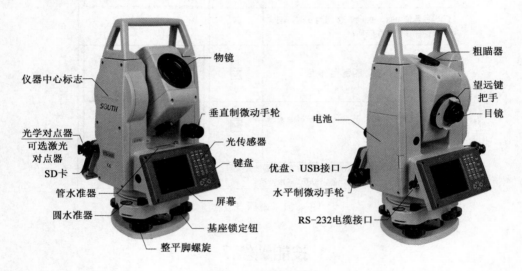

图 5.32　全站仪识读

(3)全站仪的使用

对中：调整对中器对光螺旋，看清测站点。一脚固定，移动三脚架的另外两个脚，使对中器的十字丝对准测站点，踩紧架腿，通过逐个调节三脚架腿高度使圆水准气泡居中。

整平：转动照准部，使水准管平行于任意一对脚螺旋，同时相对旋转这对脚螺旋，使水准管气泡居中；将照准部绕竖轴转动 90°，旋转第三只脚螺旋，使气泡居中。在转动 90°，检查气泡误差，直到小于刻划线的一格为止。对中整平应反复多次同时进行，一般起码是粗略对中、粗略整平(伸缩脚架)、精准对中、精准整平(调节脚螺旋)两次完成。

(4)全站仪的操作

①量取仪器高、棱镜高。

②距离测量。按距离测量键，进入距离测量模式，设置仪器高、目标高，照准目标棱镜进行测量。

③角度测量。测回法。

④坐标测量。按[坐标]键,进入坐标测量模式,输入测站点坐标、后视点坐标、仪器高、目标高(棱镜高)后,照准后视点设置后视;瞄准待测点所置棱镜,选择测量功能,测出待测点坐标。

其他人员只作语言帮助,不能多人同时操作一台仪器。

四、实训报告

1. 量得:测站仪器高＝＿＿＿＿＿＿＿ m ,棱镜高＝＿＿＿＿＿＿＿ m 。

2. 距离测量:用盘左测得测站点与目标点之间:平距＝＿＿＿＿＿＿ m , 斜距＝＿＿＿＿＿＿ m, 高差＝＿＿＿＿＿＿ m 。

　用盘右测得测站点与目标点之间:平距＝＿＿＿＿＿＿ m , 斜距＝＿＿＿＿＿＿ m , 高差＝＿＿＿＿＿＿ m 。

3. 测量测站点与待测点 AB 的夹角∠AOB。

测站	目标	盘位	水平度盘读数	角值	平均角值	备注
O	A	左				
	B					
	A	右				
	B					

4. 输入测站点 A 坐标(2 532.324,5 022.389,110.234),后视点 B 坐标(456.379, 423.332),测得未知点 C 坐标为 X＝＿＿＿＿＿＿ m, Y＝＿＿＿＿＿＿＿ m,Z＝＿＿＿＿＿＿ m。

小结

本章主要介绍全站仪的基本构造、主要功能以及全站仪的操作及使用。

通过本章的学习,要求掌握全站仪的主要组成构件的名称及作用,能熟练采用全站仪进行角度测量、距离测量及坐标测量等基本操作。

复习思考题

1. 常用全站仪的品牌有哪些? 全站仪主要有哪些组成部分?
2. 全站仪的安置过程包括哪些步骤?
3. 如何采用全站仪进行距离测量?
4. 全站仪坐标放样主要包括哪些步骤? 其操作的详细过程是怎样的?

复习测试题

1. 全站仪坐标放样过程中,已知测站点坐标为(456.892,1 023.115),后视点坐标为(552.363,885.661),请计算定向方位角。

2. 全站仪对边测量的主要操作步骤是什么？对边测量主要应用在什么地方？请举例说明。

3. 全站仪距离测量时，为什么需要进行温度改正？请详细说出南方 NTS-350 全站仪的温度及气压改正操作步骤。

4. 全站仪进行高程测量过程中，在设置好仪高和目标高后，由于视线遮挡，在其他设置未改动的情况下，将目标棱镜杆升高了 1.45 m，测得目标点的高程为 150.445 m，请问该目标点的实际高程是多少？

第6章　GNSS 测量技术

29. 北斗导航
卫星系统

　　随着现代科学技术的快速发展,传统的测量技术与手段已经逐步被全球导航卫星 (GNSS)测量技术所取代。GNSS采用全球导航卫星无线电导航技术确定时间和目标空间位置的系统,目前主要包括美国的GPS、俄罗斯的GLONASS、欧洲的Galileoc以及我国的北斗卫星导航系统。目前高精度大地控制测量主要使用GPS系统。

　　GPS测量技术由最初的军事用途到现在广泛应用于工程测量的领域中,GPS静态观测技术在工程测量中主要应用于工程建设控制网的建立,在施工阶段大量点位的测设一般采用实时定位技术(RTK及CROS系统)来解决。在交通工程测量中,GPS测量技术具有操作简单、速度快、精度高、点位间无须通视的优点,目前无论是在公路建设还是在铁路工程尤其是高速铁路中都是最重要的测量手段之一。

6.1　GPS 全球卫星系统

30. GNSS测量
简介

　　目前高铁勘测设计中,CP0及CPⅠ及大部分的CPⅡ控制网均采用GPS静态方法进行测量,因此,在施工复测中,一般也采用GPS方法进行,这样才能进行复测成果的比对,保证测量精度要求。

6.1.1　GPS 简介

　　GPS的全称是"授时与测距导航系统""全球定位系统"(Navigation Satellite Timing And Ranging Global Position System,简称GPS,有时也被称作 NAVSTAR GPS,其意为"导航卫星测时与测距全球定位系统",或简称全球定位系统),它包括三大部分:空间卫星部分、地面控制部分和用户设备部分,如图 6.1 所示。

6.1.2　GPS 测量技术的特点

　　GPS于1986年开始引入我国测绘界,由于它比常规测量方法具有定位速度快、成本低、不受天气影响、点间无须通视、不建标等优越性,且具有仪器轻巧、操作方便等优点,目前已在测绘行业中广泛应用。

　　GPS测量技术的特点如下:

　　①地球面连续覆盖。由于GPS卫星的数目较多,且分布合理,所以地球上任何地点任何时间均可连续地同步观测到至少4颗卫星,在我国最多可同时观测到13颗卫星,从而保障了全球、全天候连续地三维定位。

　　②定位精度高。GPS可为各类用户连续地、高精度地提供导航定位服务。对于 C/A 码单点定位精度可达±25 m;P 码单点定位精度为±10 m。目前单频接收机相对定位的精度均

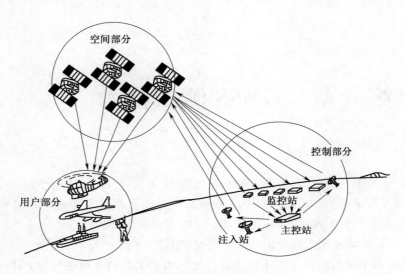

图 6.1　GPS 系统

为±$(10\text{ mm}+2\times10^{-6}\times D)$，双频接收机为±$(5\text{ mm}+10^{-6}\times D)$，$D$ 为相邻点间距离。在大于1 000 km的基线上，相对定位精度可达 10^{-9}；100 km 可达 10^{-8}。

③观测简便。GPS 测量的自动化程度很高，在观测中测量员的主要任务只是安装并开关仪器、量取仪器高、监视仪器的工作状态和采集环境的气象数据。

④经济效益好。GPS 测量不要求观测站之间通视，因而不需建造觇标。这一优点既可大大减少观测工作的经费和时间（一般造标费用占总经费的 30%～50%），节省大量的人力、物力和财力，同时也使点位的选择变得更加灵活。

⑤可提供三维坐标。原来大地测量将平面与高程采用不同方法分别施测，GPS 可同时精确测定测站点的三维坐标。目前 GPS 水准在一定范围内可满足四等水准测量的精度。

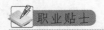

GPS 测量仪的使用范围一般要求空间开阔，附近没有电磁干扰。比如，在森林茂盛区域或建筑物密集区、隧道工程洞内等地区，GPS 测量优势都无法发挥。

6.1.3　GPS 接收机类型

1. 按用途分类

（1）导航型：一般采用伪距单点定位，定位精度较低，体积小、价格低廉，广泛用于船舶、车辆、飞机等运动载体的实时定位及导航。按应用领域可分为手持型、车载型、航海型、航空型以及星载型。

（2）测地型：主要采用载波相位观测值进行相对定位，定位精度较高，一般相对精度可达 ±$(5\text{ mm}+10^{-6}\times D)$。这类仪器构造复杂，价格昂贵。主要用于精密大地测量、工程测量、地壳形变测量等领域。分为单频机和双频机两种。

（3）授时型：利用 GPS 卫星提供的高精度时间标准进行授时，常用于天文台授时、电力系统、无线电通信系统中的时间同步等。

（4）姿态测量型：可提供载体的航偏角、俯仰角和滚动角，主要用于船舶、飞机及卫星的姿态测量。

2. 按接收机的载波频率分类

(1)单频接收机:只能接收 L1 载波信号,测定载波相位观测值进行定位。由于不能有效消除电离层延迟影响,单频接收机只适用于短基线(<15 km)的精密定位。

(2)双频接收机:可同时接收 L1、L2 载波信号。利用双频对电离层延迟的不一样,可消除电离层对电磁波信号延迟的影响,因此双频接收机可用于长达几千千米的精密定位。

3. 按接收机通道数分类

GPS 接收机能同时接收多颗 GPS 卫星的信号,为了分离接收到的不同卫星的信号,以实现对卫星信号的跟踪、处理和量测,具有这样功能的器件称为天线信号通道。根据接收机所具有的通道种类可分为:

(1)多通道接收机。

(2)序贯通道接收机。

(3)多路多用通道接收机。

4. 按接收机工作原理分类

(1)码相关型接收机:利用码相关技术得到伪距观测值。

(2)平方型接收机:利用载波信号的平方技术去掉调制信号,来恢复完整的载波信号,通过相位计测定接收机内产生的载波信号与接收到的载波信号之间的相位差,测定伪距观测值。

(3)混合型接收机:综合上述两种接收机的优点,既可以得到码相位伪距,也可以得到载波相位观测值。

(4)干涉型接收机:将 GPS 卫星作为射电源,采用干涉测量方法,测定两个测站间距离。

职业贴士

在高速铁路控制测量中,为了减少或消除电离层的影响,在布设 GPS 控制网时,均要求采用双频接收机进行测量。

技能训练 8

进行 GPS 基本操作训练。认识 GPS 接收机,了解 GPS 机的功能,并对 GPS 机进行基本操作。

一、训练目的

掌握 GPS 接收机的组成,并对 GPS 各功能键进行基本了解及简单操作。

二、训练安排

(1)课时数:课内 4 学时;每小组 4～6 人。

(2)仪器:GPS 接收机全套。

三、训练内容与训练步骤

1. 训练内容

认识 GPS 接收机,熟悉 GPS 接收机组件,并对功能键进行基本操作。

2. 训练步骤

(1)基本配件熟悉

①熟悉 GPS 仪器箱

将主机及其他配件拿出后，又全部放回去，盖好箱扣。

②主机电池及充电器熟悉

电池安放在仪器底部，安装/取出电池的时候翻转仪器，找到电池仓，将电池仓按键按紧即可将电池盖拨开，就可以将电池安装和取出。

③手簿电池及充电器安装

④数据链接收天线及发射天线安装

(2)主机外型及功能键

主机外型（移动站）

主机呈扁圆柱形，主机前侧为按键和指示灯面板，仪器底部内嵌有电台模块和电池仓部分。移动站在这部分装有内置接收电台和 GPRS/CDMA 模块；基准站为外接发射电台和 GPRS/CDMA 模块。

(3)指示灯及其基本操作

指示灯在面板的上方，从左向右依次是"状态指示灯"、"蓝牙指示灯"、"内置电池指示灯"和"数据链指示灯"、"卫星指示灯"、"外接电源指示灯"。

各灯以及按键代表的含义：

BAT——表示内置电池：长亮表示供电正常；闪烁表示电量不足。

PWR——表示外接电源：长亮表示供电正常；闪烁表示电量不足。

BT——表示蓝牙连接。

SAT——表示卫星数量。

STA——在静态模式下表示记录灯，动态模式下表示数据链模块是否正常运作。

DL——在静态模式下长亮，动态模式下表示数据链模块是否正常运作。

F——功能键，负责工作模式的切换以及电台，GPRS模式的切换。

P——开关键，开关机以及确认。

注意：长按 P 键 3~10 秒关机(三声关机)，10 秒后进入自检(长响，新机要求自检一次)。

(4)手簿设置

打开主机，然后对手簿进行如下设置：

①"开始"→"设置"→"控制面板"，在控制面板窗口中双击"电源"。

②在电源属性窗口中选择"内建设备"，选择"启用蓝牙无线(B)"，单击"OK"按钮，关闭窗口。

③"开始"→"设置"→"控制面板"，在控制面板窗口中双击"Bluetooth 设备属性"，弹出"蓝牙管理器"对话框。

④单击"搜索"，弹出"搜索…."窗口。如果在附近(小于 12 m 的范围内)有上述主机，在"蓝牙管理器"对话框将显示搜索结果。

⑤选择"T068…"数据项，单击"服务组"按钮，弹出"服务组"对话框，对话框里显示"PRINTER"和"ASYNC"两个数据项，此时所有数据项的端口号皆为空。

⑥ 双击"ASYNC"数据项,弹出四个选项:活动,发送,加密和认证。选择"活动",此时"ASYNC"数据项中的端口变为"COM7:",单击"OK"按钮,关闭所有窗口。

四、训练报告

每个同学上交一份实训报告,并写上实训总结。

31. GPS-RTK 测量

6.2 GPS-RTK 测量技术

GPS-RTK 测量技术在工程数字测图及工程施工放样中已得到广泛应用,其已与全站仪共同成为工程测量中最为重要的先进测量仪器。目前,有一种新型的测量仪器,叫"超站仪",就是将全站仪跟 GPS 两种仪器合在一起,变成一台仪器,测量时可以充分发挥两种仪器的优势。

6.2.1 GPS-RTK 测量技术

1. RTK 的特点

RTK(Real Time Kinematic)即实时动态载波相位差分技术,是以载波相位测量与数据传输技术相结合的 GPS 测量技术,也就是常说的"GPS 动态测量",是 GPS 测量技术发展里程中的一个标志,是一种高效的定位技术。它是利用 2 台以上 GPS 接收机同时接收卫星信号,其中一台安置在已知坐标点上作为基准站,另一台用来测定未知点的坐标——移动站,基准站根据该点的准确坐标求出其到卫星的距离改正数并将这一改正数发给移动站,移动站根据这一改正数来改正其定位结果,从而大大提高定位精度。它能够实时地提供测站点指定坐标系的三维定位结果,并达到厘米级精度。

RTK 具有以下特点:

(1)工作效率高。在一般的地形地势下,高质量的 RTK 设站一次即可测完 4 km 半径的测区,大大减少了传统测量所需的控制点数量和测量仪器的设站次数,移动站一人操作即可,劳动强度低,作业速度快,提高了工作效率。

(2)定位精度高。只要满足 RTK 的基木工作条件,在一定的作业半径范围内(一般为 4 km)RTK 的平面精度和高程精度都能达到厘米级。

(3)全天候作业。RTK 测量不要求基准站、移动站间光学通视,只要求满足"电磁波通视",因此和传统测量相比,RTK 测量受通视条件、能见度、气候、季节等因素的影响和限制较小,在传统测量看来难于开展作业的地区,只要满足 RTK 的基木工作条件,它也能进行快速的高精度定位。

(4)RTK 测量自动化、集成化程度高,数据处理能力强。RTK 可进行多种测量内、外业工作。移动站利用软件控制系统,无需人工干预便可自动实现多种测绘功能,减少了辅助测量工作和人为误差,保证了作业精度。

(5)使用简单,便于操作。现在的仪器一般都提供中文菜单,只要在设站时进行简单的设置,就可方便地获得二维坐标。数据输入、存储、处理、转换和输出能力强,能方便地与计算机、其他测量仪器通信。

2. RTK 的基本操作

RTK 进行坐标放样或进行坐标数据采集，一般包括以下几个操作过程：

（1）启动基准站

将基准站架设在上空开阔、没有强电磁干扰、多路径误差影响小的控制点上，正确连接好各仪器电缆，打开各仪器。将基准站设置为动态测量模式。

（2）建立新工程，定义坐标系统

新建一个工程，即新建一个文件夹，并在这个文件夹里设置好测量参数，如椭球参数、投影参数等。这个文件夹中包括许多小文件，它们分别是测量的成果文件和各种参数设置文件，如 ＊. dat、＊. cot、＊. rtk、＊. ini 等。

（3）点校正

GPS 测量是在 WGS-84 坐标系下进行，而我们通常需要的是在流动站上实时显示国家坐标系或地方独立坐标系下的坐标，这需要进行坐标系之间的转换，即点校正。点校正可以通过两种方式进行。

①在已知转换参数的情况下。如果有当地坐标系统与 WGS-84 坐标系统的转换七参数，则可以在测量控制器中直接输入，建立坐标转换关系。也就是在国家大地坐标系统下进行，而且知道椭球参数和投影方式以及基准点坐标，则可以直接定义坐标系统，建议在 RTK 测量中最好加入 2 个以上的点校正，避免投影变形过大，提高数据可靠性。

②在不知道转换参数的情况下。如果在局域坐标系统中工作或任何坐标系统进行测量和放样工作，可以直接采用点校正方式建立坐标转换方式，平面至少 2 个点，如果进行高程拟合则至少要有 3 个水准点参与点校正。

（4）流动站开始测量

①点位测量（数据采集）：在主菜单上选择"测量"图标并打开，测量方式选择"RTK"，再选择"测量点"选项，即可进行单点测量。注意要在"固定解"状态下，才开始测量。单点测量观测时间的长短与跟踪的卫星数量、卫星图形精度、观测精度要求等有关。当"存储"功能键出现时，若满足要求则按"存储"键保存观测值，否则按"取消"放弃观测。

②放样测量：在进行放样之前，根据需要"键入"放样的点、直线、曲线、等各项放样数据。当初始化完成后，在主菜单上选择"测量"图标打开，测量方式选择"RTK"，再选择"放样"选项，即可进行放样测量作业。在作业时，在手薄控制器上显示箭头及目前位置到放样点的方位和水平距离，观测值只需根据箭头的指示放样。当流动站距离放样点就距离小于设定值时，手薄上显示同心圆和十字丝分别表示放样点位置和天线中心位置。当流动站天线整平后，十字丝与同心圆圆心重合时，这时可以按"测量"键对该放样点进行实测，并保存观测值。

6.2.2　GPS-RTK 仪器操作

不同的 GPS 测量仪器，操作上有差异，但是基本过程大致相同，本节介绍南方 RTK 手簿工程之星 5.0 版本操作的基本步骤。

1. 工程文件

工程之星是以工程文件的形式对软件进行管理的，所有的软件操作都是在某个定义的工程下完成的。每次进入工程之星软件,软件会自动调入最后一次使用工程之星时的工程文件。
一般情况下,每次开始一个地区的测量施工前都要新建一个与
当前工程测量所匹配的工程文件。

单击工程,出现如图 6.2 所示的工程子菜单界面。

工程菜单中包括七个子菜单:新建工程、打开工程、文件导
入导出、关闭主机声音、主机重启、关闭主机、退出。以下分别对
各个子菜单的操作和使用的具体情况进行说明。

(1)新建工程

操作:工程→新建工程。

单击新建工程,出现新建作业的界面。首先在工程名称里
面输入所要建立工程的名称,新建的工程将保存在默认的作业
路径"\\SOUTHGNSS_EGStar\\"里面,如图 6.3 所示。如果
之前已经建立过工程,并且要求套用以前的工程,可以勾选套
用模式,然后单击"选择套用工程",选择想要使用的工程文件,
然后单击"确定"。

(2)打开工程

操作:工程→打开工程

可以打开图 6.4 中任意一个已经建立的工程。

图 6.2　工程菜单

图 6.3　新建工程

图 6.4　打开工程

2. 文件导入导出

操作:工程→文件导入导出。

说明:在作业之前,如果有参数文件可以直接导入,测量完成后,要把测量成果以不同的格

式输出（不同的成图软件要求的数据格式不一样，例如南方测绘的成图软件 CASS 的数据格式为：点名，属性，Y,X,H）。

（1）文件导入

操作：工程→文件导入导出→文件导入。

如图 6.5 所示，打开文件，选择要导入的参数文件（＊er、＊dc、＊.ger）。

（2）文件导出

操作：工程→文件导入导出→文件导出。

打开"文件导出"，在数据格式里面选择需要输出的格式，并输入导出文件名，如图 6.6 所示。输出目录：/storage/emulated/0/SOUTHGNSS_EGStar/Export。

图 6.5　参数文件导入

图 6.6　文件导出

3. 配置

配置菜单有六个子菜单：工程设置、坐标系统设置、坐标系统库、仪器设置、网络（电台）设置、仪器连接，如图 6.7 所示。

（1）工程设置

①天线高

输入移动站的天线高，如图 6.8 所示，天线高的量取方式有四种，即直高、斜高、杆高和测片高。

直高：地面到主机底部的垂直高度＋天线相位中心到主机底部的高度。

斜高：橡胶圈中部到地面点的高度。

杆高：主机下面的对中杆的高度。

测片高：地面点量至测高片最外围的高度。

详情：显示当前 RTK 主机机型，天线类型等信息，如图 6.9 所示。

图 6.7　配置菜单

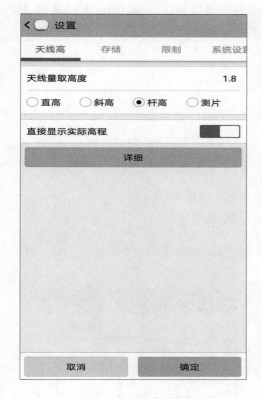

图 6.8　天线高设置

图 6.9　天线详情

②存储

图 6.10 为存储设置对话框,此界面有五项设置,分别为:存储类型选择、点名规则、点编码模式、光标初始、后差分存储类型设置。其中,后差分存储类型设置是设置软件存储测量点类型,其类型有以下三种:

一般存储:即对点位在某个时刻状态下的坐标进行直接存储(点位坐标每秒刷新一次)。操作方式有快捷键操作和菜单操作。

偏移存储:类似于测量中的偏心测量,记录的点位不是目标点位,根据记录点位和目标点位的空间几何关系来确定目标点。例如,要测量 A 点,但在 A 点不能或不便进行 GPS 测量(如房屋内或遮蔽物下),这时就要用到偏移存储了。如果在 B 点可以测量,又知道 AB 之间的距离和方位角以及 AB 之间的高差,那么通过偏移存储就可以测出 A 点的坐标了。

平滑存储:即对每个点的坐标多次测量取平均值。存储条件选择平滑存储,然后设置平滑存储次数。

一般存储模式的两种模式为常规存储和快速存储,常规存储是指按照正常的程序,按"Enter"键存储后界面会显示存储的点位信息。快速存储是指按"Enter"键存储之后,不显示点位信息界面,测量的坐标直接存储到坐标管理库中。

点名规则—点名叠加间隔:默认值为 1,即第一点点名为 Pt1 时,第二点点名自动变更为 Pt2,间隔值为 2 时,第二点点名即为 Pt3,以此类推。

编码模式：通用（默认为空，可自定义）、同上一编码、同点名、同里程光标初始：点名、编码。

后差分：时间间隔(s)，默认 5 s(可自定义)。

③限制

如图 6.11 所示，主要有：

HRMS（水平精度因子）；

VRMS（竖直精度因子）；

PDOP（位置精度因子）；

解状态限制；

卫星截止角设置；

DiffAge 限制（差分延时限制）；

基站距离提示（移动站与基站之间超过该距离，手簿会有提示）；

时区（东 8 区，即北京时间）；

显示测量点数量。

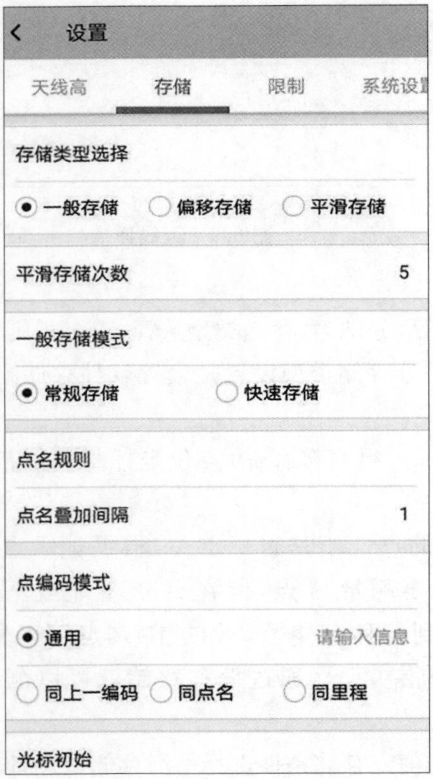

图 6.10　存储设置

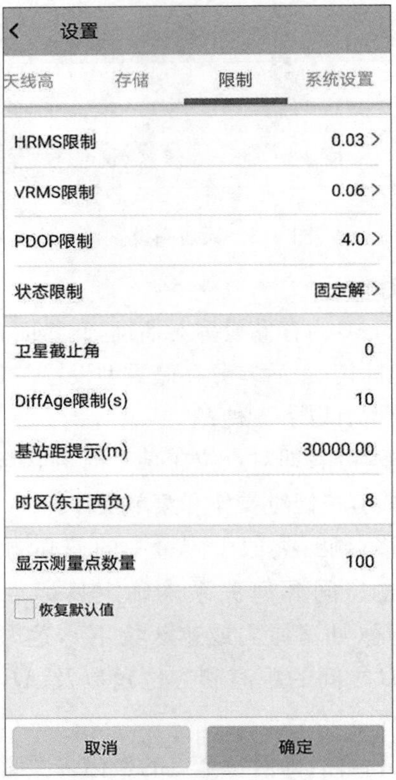

图 6.11　限制设置

（2）坐标系统设置

操作：配置→坐标系统设置，如图 6.12 所示，新建工程后，软件会自动跳转到当前坐标系统设置界面，如图 6.13 所示。

图 6.12　新建工程

图 6.13　坐标系统设计

坐标系统—自定义坐标系统名称(默认 CGCS2000)。

①目标椭球—选择目标椭球(进入椭球模板,可自定义)如图 6.14 所示。

②设置投影参数(中央子午线)如图 6.15 和图 6.16 所示。

图 6.14　目标椭球

图 6.15　投影方式

③四参数。四参数是同一个椭球内不同坐标系之间进行转换的参数。在工程之星软件中的四参数指的是在投影设置下选定的椭球内 GPS 坐标系和施工测量坐标系之间的转换参数。软件提供两种计算四参数的方法。一种是利用"工具/参数计算/计算四参数"来计算，另一种是用"输入/求转换参数"计算。两种计算方式的具体方法请查看相关章节的说明。需要特别注意的是参与计算的控制点原则上至少要用两个点，控制点等级的高低和分布情况直接决定了求取的四参数的精度和其所能控制的范围。经验上四参数理想的控制范围一般都在 20 km² 以内。四参数的四个基本项分别是：x 平移、y 平移、旋转角和比例尺，如图 6.17 所示。

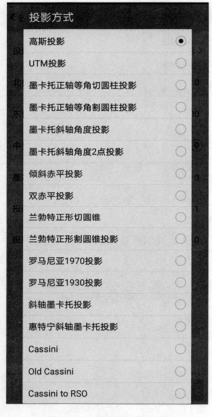

图 6.16　投影方式选择

图 6.17　四参数选择

4. 测量

测量菜单包含测量和放样方面的内容。主要有 13 个子菜单：点测量、自动测量、控制点测量、面积测量、PPK 测量、点放样、直线放样、曲线放样、道路放样、CAD 放样、面放样、电力线勘测、塔基断面放样，如图 6.18 所示。

(1)点测量

操作：测量→点测量，如图 6.19 所示。

在测量显示界面下面有四个显示按钮，在工程之星里面，这些按钮的显示顺序和显示内容是可以根据自己的需要来设置的(测量的存储坐标是不会改变的)。单击显示按钮，左边会出现选择框，选择需要选择显示的内容即可。这里能够显示的内容主要有：点名、北坐标、东坐标、高程、天线高、航向、速度、上方位、上平距、上高差、上斜距，如图 6.20 所示。

保存:保存当前测量点坐标,如图 6.21 所示,可以输入点名,继续存点时,点名将自动累加,单击"确定"。

图 6.18　测量选项

图 6.19　点测量

图 6.20　显示选择

图 6.21　保存测量点

查看:查看当前工程"坐标管理库"的点坐标,与"输入"里面的"坐标管理库"功能一样。

偏移存储:输入偏距、高差、正北方位角,然后单击"确定",如图 6.22 所示。

平滑存储:单击"平滑",选择平滑次数,如图 6.23 所示,平滑次数为 5 次,单击"确定",则该点的坐标是连续采集五次坐标的平均值。

图 6.22　偏移存储　　　　　　　　　图 6.23　平滑存储

　　选项：单击"选项"，"一般存储模式"里面有个快速存储，即采即存，而"常规存储"可以输入点名、编码、天线高等信息。

　　（2）求转换参数

　　GPS 接收机输出的数据是 CGCS2000 经纬度坐标，需要转化到施工测量坐标，这就需要软件进行坐标转换参数的计算和设置，转换参数就是完成这一工作的主要工具。求转换参数主要是计算四参数或七参数和高程拟合参数，可以方便直观的编辑、查看、调用参与计算四参数和高程拟合参数的控制点。在进行四参数的计算时，至少需要两个控制点的两套不同坐标坐标系坐标参与计算才能最低限度的满足控制要求。高程拟合时，如果使用三个点的高程进行计算，高程拟合参数类型为加权平均；如果使用 4 到 6 个点的高程，高程拟合参数类型平面拟合；如果使用 7 个以上的点的高程，高程拟合参数类型为曲面拟合。控制点的选用和平面、高程拟合都有着密切而直接的关系，这些内容涉及到大量的布设经典测量控制网的知识，建议用户查阅测量学方面的相关资料。

　　求转换参数的做法大致是这样的：假设我们利用 A、B 这两个已知点来求转换参数，那么首先要有 A、B 两点的 GPS 原始记录坐标和测量施工坐标。A、B 两点的 GPS 原始记录坐标的获取有两种方式：一种是布设静态控制网，采用静态控制网布设时后处理软件的GPS 原始记录坐标；另一种是 GPS 移动站在没有任何校正参数作用时、固定解状态下记录的 GPS 原始坐标。其次在操作时，先在坐标库中输入 A 点的已知坐标，之后软件会提示输入 A 点的原始坐标，然后再输入 B 点的已知坐标和 B 点的原始坐标，录入完毕并保存后（保存文件为 * . cot 文件）自动计算出四参数或七参数和高程拟合参数。下面以具体例子来演示求转换参数。

①四参数

在软件中的四参数指的是在投影设置下选定的椭球内 GPS 坐标系和施工测量坐标系之间的转换参数。需要特别注意的是参与计算的控制点原则上至少要用两个或两个以上的点，控制点等级的高低和点位分布直接决定了四参数的控制范围。经验上四参数理想的控制范围一般都在 20～30 km² 以内。

操作："输入"→"求转换参数"，如图 6.24 所示。首先单击右上角的设置按钮，将"坐标转换方法"改为"一步法"，单击"确定"，则可以开始四参数的设置，如图 6.25 所示。

图 6.24　求转换参数　　　　　　　　图 6.25　转换参数设置

添加：单击"添加"，输入已知平面坐标，如图 6.26 所示，大地坐标可以单击更多获取方式，里面有"定位获取"和"点库获取"，输入完成以后，单击"确定"，添加完第一个坐标 Pt1。同样的方法添加第二个坐标 Pt2，如图 6.27 所示，如果输入有误，可以单击 Pt1 或 Pt2，进行修改或者删除，如图 6.28 所示。然后单击"计算""应用"，如图 6.29 和图 6.30 所示。将该参数应用到该工程以后，可以在"配置"→"转换参数设置"→"四参数"中查看四参数的北偏移、东偏移、旋转角和比例尺，如图 6.31 和图 6.32 所示。

②转换参数设置完成。

经过如上转换及设置，便可以采用 GPS-RTK 进行数据采集或坐标放样。

图 6.26　增加坐标

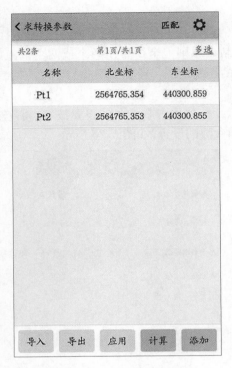

图 6.27　坐标增加完成

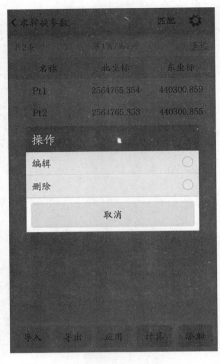

图 6.28　编辑

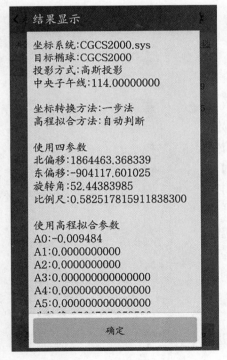

图 6.29　计算

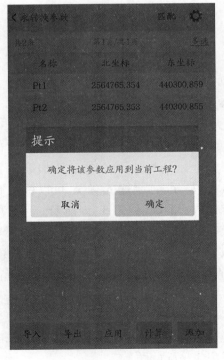

图 6.30　应用

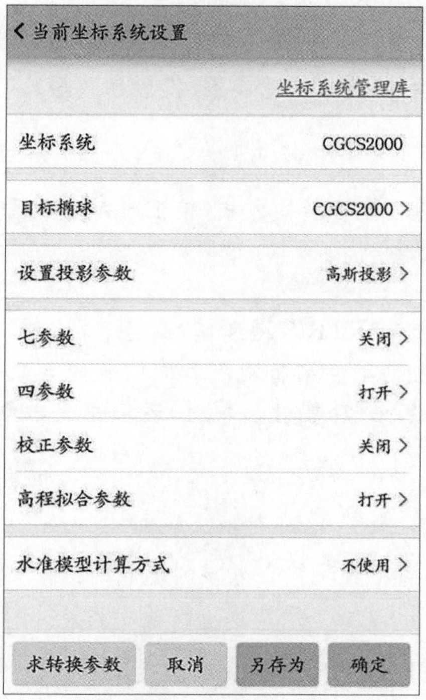

‹ 当前坐标系统设置	
	坐标系统管理库
坐标系统	CGCS2000
目标椭球	CGCS2000 ›
设置投影参数	高斯投影 ›
七参数	关闭 ›
四参数	打开 ›
校正参数	关闭 ›
高程拟合参数	打开 ›
水准模型计算方式	不使用 ›
求转换参数　取消　另存为　确定	

图 6.31　当前坐标系

‹ 使用四参数	扫描　分享
四参数	
ⓘ 默认手动输入，还可以坐标计算	
北偏移	1864463.368338823
东偏移	-904117.601025075
旋转角	52.4438398546
比例尺	0.582517815911838
北原点	0
东原点	0
兼容mobile 3.0 参数	
取消　确定	

图 6.32　确定

职业贴士

　　移动站参数设置过程中，即采集已知点当前坐标时，只采集两个点，便可以进行坐标参数解算并进行坐标转换，但是如果想计算出点位残差，必须采集三个或三个以上已知点当前坐标。因此，使用 RTK 进行测量前，为保证测量成果的准确性，一般要求对三个已知点坐标进行校正；如果进行三维坐标测量，必须对四个已知三维坐标点进行校正。

技能训练 9

根据三个已知坐标点，采用 GPS-RTK 进行 5 个未知点坐标测量。

一、训练目的

掌握 GPS-RTK 基准站及流动站设置，并能够进行未知点三维坐标测量。

32. GPS-RTK 建站

二、训练安排

①课时数：课内 2 学时，每组 4～5 人。
②仪器：GPS-RTK 配套仪器、记录本。
③场地：开阔区域。

33. GPS-RTK 坐标
放样

三、训练方法与步骤

（1）基准站设置

将基准站架设在上空开阔、没有强电磁干扰、多路径误差影响小的控制点上，正确连接好各仪器电缆，打开各仪器。将基准站设置为动态测量模式。

（2）建立新工程，定义坐标系统

新建一个工程，并在这个文件夹里设置好测量参数（包括椭球参数、投影参数等）。然后启用基准站。

（3）流动站设置并进行点校正

在局域坐标系统中进行测量，采用点校正方式建立坐标转换方式，校正时对 3 个已知点坐标进行分别测量及校正。

（4）流动站开始测量

在主菜单上选择"测量"图标并打开，测量方式选择"RTK"，再选择"测量点"选项，即可进行单点测量。注意要在"固定解"状态下，才开始测量。单点测量观测时间的长短与跟踪的卫星数量、卫星图形精度、观测精度要求等有关。当"存储"功能键出现时，若满足要求则按"存储"键保存观测值，否则按"取消"放弃观测。

四、考核标准

训练结束后，每个学生要上训练报告，根据以下各项表现综合考核训练成绩：

①对 GPS 动态测量操作及测量成果质量；

②老师现场检查每位同学的训练情况；

具体评分标准如下。

评分标准表

序号	考核内容	考核标准	考试形式
1	课堂纪律(20 分)	不迟到、不早退、不讲话、不玩手机、不睡觉	观察，每项扣 5 分
2	RTK 操作 操作步骤及 测量成果(60 分)	基准站设置	观察，不熟悉扣 5 分
		流动站设置	观察，不熟悉扣 5 分
		对已知点点位校核并转换坐标系	观察，不熟悉扣 5 分
		RTK 测出未知点坐标的正确性	不熟悉，扣 5 分，坐标差超 5 cm，每点 5 分
3	实训报告(20)	目的明确，操作步骤详细，总结完整	不完整，每项扣 5 分
		字迹工整，清洁	视程度扣 0~5 分

五、训练报告

实训结束后，应提交如下资料：

①基准点及移动站设置操作主要步骤。

②RTK 测出的 5 个未知点坐标值。

③实训总结。

 职业贴士

移动站参数设置过程中，即采集已知点当前坐标时，只采集两个点，便可以进行坐标参数解算并进行坐标转换，但是如果想计算出点位残差，必须采集三个或三个以上已知点当前坐标。因此,使用 RTK 进行测量前,为保证测量成果的准确性,一般要求对三个已知点坐标进行校正;如果进行三维坐标测量,必须对四个已知三维坐标点进行校正。

技能训练 10

根据三个已知坐标点,采用 GPS RTK 进行 5 个未知点坐标测量。

一、训练目的

掌握 GPS-RTK 基准站及流动站设置,并能够进行未知点三维坐标测量。

二、训练安排

(1)课时数:课内 2 学时,每组 4～5 人。
(2)仪器:GPS-RTK 配套仪器、记录本。
(3)场地:开阔区域。

三、训练内容与训练步骤

1. 训练内容
设置 RTK 基准站及流动站,并根据已知点坐标,测量出未知点坐标。
2. 训练步骤
(1)基准站设置
将基准站架设在上空开阔、没有强电磁干扰、多路径误差影响小的控制点上,正确连接好各仪器电缆,打开各仪器。将基准站设置为动态测量模式。
(2)建立新工程,定义坐标系统
新建一个工程,并在这个文件夹里设置好测量参数(包括椭球参数、投影参数等)。然后启用基准站。
(3)流动站设置并进行点校正
在局域坐标系统中进行测量,采用点校正方式建立坐标转换方式,校正时采对 3 个已知点坐标进行分别测量及校正。
(4)流动站开始测量
在主菜单上选择"测量"图标并打开,测量方式选择"RTK",再选择"测量点"选项,即可进行单点测量。注意要在"固定解"状态下,才开始测量。单点测量观测时间的长短与跟踪的卫星数量、卫星图形精度、观测精度要求等有关。当"存储"功能键出现时,若满足要求则按"存储"键保存观测值,否则按"取消"放弃观测。

四、训练报告

实训结束后,应提交如下资料:
(1)基准点及移动站设置操作主要步骤。
(2)RTK 测出的 5 个未知点坐标值。
(3)实训总结。

拓展知识

CORS 系统测量技术在工程测量中的应用

连续运行卫星定位服务系统（Continuous Operational Reference System，简称 CORS 系统）是现代 GPS 的发展热点之一。CORS 系统是继 GPS-RTK 之后出现的一种由卫星定位技术、计算机网络技术、数字通信技术等相结合的测量新技术。CORS 系统将网络化概念引入到了大地测量应用中，该系统的建立不仅为测绘行业带来深刻的变革，而且也将为现代网络社会中的空间信息服务带来新的思维和模式。它能够在全年连续不断地运行。用户只需一台 GPS 接收机即可进行实时的快速定位、事后定位。CORS 系统技术进行施工测量既能实时知道定位结果，又能实时知道定位精度，具有操作简便、成本低、精度高、实时性强、覆盖率广等优点，特别是 CORS 系统内网络 RTK 测量功能的实现，改变了传统测量作业模式，以其高效率、高精度、高可靠性和低成本的特点在工程测量中逐步得到广泛的应用，提高了测绘工作的效率，逐步取代了传统单基站 RTK 技术。

1. CORS 的工作原理

CORS 是在一个较大的区域内通过均匀布设多个永久性的连续运行 GPS 参考站以构成一个参考站网。各参考站按设定的采样率连续观测，通过数据通信系统实时将观测数据传输给系统控制中心，系统控制中心首先对各个站的数据进行预处理和质量分析，然后对整个数据进行统一解算，估算出网内的各种系统误差改正项（电离层、对流层、卫星轨道误差），获得本区域的误差改正模型。之后，向用户实时发送 GPS 改正数据，用户只需要一台 GPS 接收机，便可得到高精度的可靠的定位结果。

目前，在全国各地以省或地区为区域的单位已建立了许多网络 CORS 系统。基本上已覆盖各地级市及周边地区。对大多数的工程施工可以提供直接的服务。

2. CORS 系统的特点

与传统 RTK 测量作业方式相比，CORS 系统的主要优势体现在以下几个方面：

①为大区域的测量工作提供了一个统一的基准，使其能够从根本上解决不同行业、不同部门之间坐标系统的差异问题。

②使 GPS 有效服务范围得到了极大扩展。

③采用连续基站，用户随时可以观测，使用方便，提高了工作效率。

④拥有完善的数据监控系统，可消除或削弱各种系统误差的影响，还可获得高精度和高可靠性的定位结果。

⑤用户不需架设参考站，真正实现单机作业，减少了费用。

⑥使用固定可靠的数据链通讯方式，减少了噪声干扰。

⑦提供远程 Internet 服务，实现了数据的共享，可为高精度要求的用户提供下载服务。

3. CORS 系统在交通工程施工中的应用案例

南宁枢纽工程 SN-3 标项目部，在进行屯里桥梁集群工程施工时，刚开始利用全站仪进行测量放样，专为桥梁施工配备 3 台全站仪，9 个工程技术人员，每人每天工作 12 个小时以上，有时候还不能满足桥梁施工进度的测量需要。后来，项目部配备两台 GPS，利用南宁国土局的 CORS 系统进行施工放样，只需要 4 个技术人员，就能轻松应对所有桥梁工程测量施工放样。这样,把大量的工程技术人员从繁重的测量工作中解放出来,可以从事别的技术管理工作。

GPS-RTK 技术的应用尤其是 CORS 系统的迅速发展,对于工程测量特别是施工放样工作变得越来越方便。相信随着测量技术的突飞猛进,尤其是我国的北斗卫星定位系统的推广,今后的工程测量工作一定会变得更加轻松、快捷。

小结

本章主要介绍了 GPS 全球卫星定位系统的组成及原理、GPS 测量仪器类型、GPS-RTK 测量的操作等内容。尤其是对 RTK 的操作过程,针对目前国内应用较普遍的具体仪器进行了较为详细的介绍。

通过本章的学习,要求掌握 GPS-RTK 测量原理、操作步骤。

复习思考题

1. GPS 测量的基本原理是什么?
2. 目前主要的卫星定位系统有哪些?
3. GPS 测量有何特点?
4. GPS 系统的由哪些部分组成?
5. GPS 接收机的如何分类? 都有哪些类型?
6. 工程 GPS 控制测量中对坐标系投影面中央子午线及投影面高程有何要求?
7. 工程测量中,什么时候采用全站仪测量比较方便? 什么时候采用 GPS 测量比较有优势?

复习测试题

1. 在四等 GPS 静态测量过程中,某段基线共测量了两个时段,第一时段该基线向量长度为 1 268.486 m,第二时段该基线向量长度为 1 268.463 m,请确定该基线重复性检验是否符合要求?

2. 某高铁 CPI 控制网复测过程中,要求采用二等 GPS 测量,某基线向量异步环长度闭合差为 22.3 mm,环总长度为 5.024 km,试确定该异步环是否超限?

3. 某高铁 CPI 控制网复测过程中,要求采用二等 GPS 测量,某基线的长度为 805.024 m,评差报告中显示该基线长度中误差为 0.003 mm,试确定该基线长度相对中误差是否合格?

4. 采用 6 台 GPS 测量 1 个时段的基线总数是多少?

5. 某 GPS 网由 16 个点组成,采用 4 台 GPS 进行测量,测量要求采用边连式,试分别计算该 GPS 网的观测时段数、总基线数、必在基线数、独立基线数、多余基线数。

6. RTK 的特点有哪些? 试举例说明 RTK 在工程中的应用。

第7章 控制测量

34. 控制测量

控制测量的目的就是为地形图测绘和各种工程测量提供控制基础和起算基准,其实质是测定具有较高精度的平面坐标和高程的点位,这些点称为控制点。进行测绘地形图或工程放样之前,首先在全测区范围内进行控制测量,建立控制网,以统一全区的测量工作,然后在控制测量的基础上进行碎部测量或施工放样。

控制测量分为平面控制测量和高程控制测量。平面控制测量的任务是在某地区或全国范围内布设平面控制网,精密测定控制点的平面位置。平面控制测量的主要方法有导线测量、三角测量和 GPS 卫星定位测量等。高程控制测量的任务是在某地区或全国范围内布设高程控制网,精密测定控制点的高程。高程控制测量的主要方法有水准测量、三角高程测量。

7.1 控制测量与工程控制网建立

为限制测量误差的传播范围,满足测量精度要求,必须遵循从整体到局部,由高级到低级的基本原则。控制测量的最高形式是大地测量,它是为研究地球的形状及表面特性而进行的测量工作,任务是建立大范围的精密控制测量网。

7.1.1 国家控制网

1. 国家平面控制网

国家测绘部门按照逐级控制逐级加密的原则,在全国范围内布设了一系列控制点,由这些控制点组成全国统一的控制网,用最精密的仪器和最严密的方法测定其坐标构成骨架,然后,分期分区逐级布设低一级控制网。

(1)平面控制网的建立方法

平面控制网建立的主要方法有三角测量、精密导线测量及 GPS 卫星定位测量。

三角测量是将相邻控制点连接成三角形,组成网状,称平面三角控制网,三角形的顶点称为三角点,如图 7.1 所示。在平面三角控制网中,量出一条边的长度,测出各三角形的内角,然后用三角学中的正弦定理逐一推算出各三角形的边长,再根据起始点的坐标和起始边方位角以及各边的边长,推算出各控制点的平面坐标,这种测量方法称为三角测量。

精密导线测量是将一系列相邻控制点连成折线。采用精密仪器测角并用测距仪测距,然后根据已知坐标和坐标方位角精确地计算出各点的平面位置,这种测量称为精密导线测量。精密导线已成为国家高级网的布设形式之一,因为它比三角测量方便、迅速、灵活。

GPS 定位是卫星全球定位系统的简称。GPS 定位测量具有高精度、全天候、高效率、多功能、操作简便的特点,可同时精确测定点的三维坐标(X,Y,H),与常规控制测量(三角测量、导

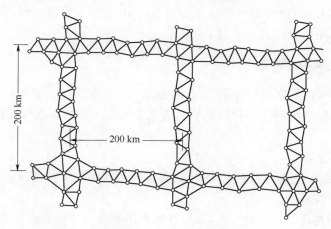

图 7.1　国家三角网

线测量)相比,GPS 定位测量有许多优点。目前,经典的平面控制测量正逐渐被 GPS 定位测量所取代。

(2)平面控制网的等级

平面控制网根据精度不同,分为一、二、三、四等。

一等三角网为条带形的锁状,称一等三角锁,沿着经纬线方向纵横交叉地布满全国,形成统一的骨干控制网。在一等锁环内逐级布测二、三、四等三角网。一等三角网的精度最高,除作低等级的平面控制外,还为研究地球形状和大小以及人造卫星的发射等科研问题提供资料;二等三角网作为三、四等三角测量的基础;三、四等三角网是测图时加密控制点和其他工程测量之基础。各点均埋设有标石,竖立觇标。这些控制点将长期保存,作为全国一切测量工作的基本依据。

导线网布设原则与三角测量类似。一、二等导线一般沿主要交通干线布设,纵横交错构成大的导线环,几个导线环连接成导线网。三、四等导线是在一、二等导线网(或三角锁网的基础上进一步加密,应布设成附合导线。

GPS 网测量按其精度分为 A、B、C、D 四级。A 级 GPS 网由卫星定位连续运行基准站组成,用于建立国家一等大地控制网,进行全球性的地球动力学研究、地壳形变测量和卫星精密定轨。B 级 GPS 网主要用于建立国家二等大地控制网,建立地方或城市坐标基准框架,区域性的地球动力学研究、地壳形变测量和各种精密工程测量。C 级 GPS 网主要用于建立三等大地控制网,以及区域、城市及工程测量的基本控制网。D 级 GPS 网用于建立国家四等大地控制网。

2. 国家高程控制网

国家高程控制网是用水准测量方法建立的,所以又称为国家水准网。水准网按控制次序和施测精度分为一、二、三、四等,其中一、二等构成全国高程控制的骨干,三、四等直接为测图和工程提供高程控制点。

一等水准网:沿地质构造稳定、交通不太繁忙、地势平缓的交通路线布设,水准路线应闭合成环,并构成网状。环线周长 1 000～2 000 km,视地形条件而定。

二等水准网:是国家高程控制的全面基础,在一等水准环内沿省、县级公路布设,如有特殊需要可跨铁路、公路及河流布设。环线周长 500～750 km。

三、四等水准网:在高等水准环内进一步加密。三等水准网布设成附合路线,并尽量交叉,环线长不超过 300 km，单独的附合路线不超过 200 km。四等水准一般以附合路线形式布设在高等水准点之间，附合路线长不超过 80 km。

7.1.2　工程控制网的建立

工程控制网是针对某项具体工程建设的测图、施工或管理需要，在一定的区域内布设的平面控制网和高程控制网。工程控制网具有控制全局、提供基准和控制测量误差积累的作用。

1. 工程控制网分类

工程控制网按用途主要分为测图控制网、施工控制网和变形监测网。施工控制网和变形监测网统称为专用控制网。

(1)测图控制网是在工程规划阶段，以服务地形图测绘为目的而建立的工程控制网。

(2)施工控制网是在工程建设阶段，以服务施工放样为目的而建立的工程控制网。

(3)变形监测网是在工程建设和运营阶段，以服务工程对象变形监测为目的而建立的工程控制网。

工程控制网按网形，可分为三角网、导线网、混合网、方格网等。

工程控制网按施测方法，可分为测角网、测边网、边角网、GPS 网等。

2. 工程控制网的特点

(1)测图控制网

测图控制网具有控制范围较大，点位分布尽量均匀，点位选择取决于地形条件，精度取决于测图比例尺等特点。

(2)施工控制网

施工控制网具有控制范围较小，点位密度较大，精度要求较高，点位使用频繁，受施工扰大等特点。具体而言，施工控制网的特点包括：

①控制网大小、形状、点位分布应与工程范围、建筑物形状相适应，点位布设要便于施工放样。如隧道控制网的点位布设要保证隧道每个掘进洞口都有控制点。

②控制网不要求精度均匀，但要保证某方向或某几点的相对精度较高。如桥梁控制网要求纵向精度高于其他方向的精度；隧道控制网的横向精度高于纵向精度。

③投影面的选择应满足"控制点坐标反算的两点间长度与实地两点间的长度之差尽可能小"的要求。如隧道控制网的投影面一般选在贯通平面上，或选在放样精度要求最高的平面上。

④平面坐标系可采用独立坐标系，其坐标轴线与建筑物的主轴线平行或垂直。

(3)变形监测网

变形监测网除具有施工控制网的特点外，还具有精度要求高，重复观测等特点。

3. 工程控制网建立的一般过程

工程控制网一般按如下过程建立：

(1)设计。根据工程特点确定控制网的布设和观测方案。设计应经以下步骤：

①根据控制网建立目的、要求和控制范围，经过图上规划和野外踏勘，确定控制网的图形和起算数据。

②根据观测仪器条件，拟定观定方法观测值的基本精度。

③根据观测所需的人力、物力预算控制网建设成本。

④根据控制网图形和观测值先验精度,估算控制网成果精度,改进布设方案。

(2)选点埋石。按照布设方案实地选定点位,埋设标石,制作点之记。

①控制点的点位一般应选在基础稳定,视野开阔,环境影响小,便于埋石、观测和保存处。对于施工控制网,点位应选在方便施工放样处,并应有足够的密度,保证使用时有较大的选择余地。对于变形观测网,控制点应选在变形区外的稳定处。

②平面控制点标石有普通标石、深埋式标志、带强制对中装置的观测墩等类型。高程控制点标石有平面点标石、混凝土水准标石、地表岩石标深埋式钢管标等类型。

(3)观测。按照观测方案进行观测,并对观测数据进行概算。

(4)平差计算。进行控制网的评差计算,并评定观测成果精度。

4. 工程控制网的布设

(1)测图控制网

测图控制网一般基于国家坐标系布设成附合网,小型或局部工程也可布设成独立网。

测图控制网通常先布设覆盖全测区首级网,再根据测图需要分区布设若干级加密网。

平面控制网通常采用 GPS 的形式一次布网,也可首级网采用 GPS 网的形式布设,加密网采用导线等常规形式布设。高程控制一般采用水准网、测距三角网的形式布设。

(2)施工控制网

施工控制网一般基于施工坐标系(假定坐标系)布设成独立网。

施工控制网通常分二级布设,第一级做总体控制,第二级直接用于施工放样。

平面控制网通常采用 GPS 网的形式布设,也可采用导线网、边角网等常规形式布设。高精度的平面控制网可采用 GPS 网与三角形网构成的混合网形式布设。高程控制网通常采用水准网布设。地下工程施工控制网通常采用边角网、导线网、水准路线形式布设。

施工控制网的精度由工程性质决定,一般要求精度不必具有均匀性,而应具有方向性,有时次级网的相对精度不低于首级网。

(3)变形监测网

变形体的形状较大且不规则时,可基于国家坐标系布设成附合网或独立网;对于具有明显结构性特征的变形体,最好基于独立坐标系布设成独立网。

变形网应尽量一次布网,也可将基准点一起布设成首级网,再将工作基点和目标点一起布设成次级网。

平面控制网通常采用 GPS 网、导线网、三角形网形式布设。高程控制网采用水准网形式布设。

变形监测网的精度由变形体的允许变形值决定,一般要求中误差不超过允许变形值的 $1/20 \sim 1/10$ 或 $1 \sim 2$ mm。

5. 工程控制网的施测

(1)平面控制网

平面控制网测量可采用 GPS 测量方法,也可采用边角测量、导线测量等常规方法。目前 GPS 测量、导线测量方法较常用。GPS 网等级划分为二、三、四等和一级、二级,导线网精度划分为三等、四等和一、二、三级。测量技术要求分别见表 7.1～表 7.3。

表 7.1 GPS 测量主要技术指标

等级	平均边长（km）	固定误差（mm）	比例误差系数（mm/km）	边长相对中误差	最弱边相对中误差
二等	9	≤10	≤2	≤1/250 000	≤1/120 000
三等	4.5	≤10	≤5	≤1/150 000	≤1/70 000
四等	2	≤10	≤10	≤1/100 000	≤1/40 000
一级	1	≤10	≤20	≤1/40 000	≤1/20 000
二级	0.5	≤10	≤40	≤1/20 000	≤1/10 000

表 7.2 三角网测量主要技术指标

等级	平均边长（km）	测角中误差（″）	测边相对中误差	最弱边相对中误差	三角形最大闭合差（″）
二等	9	1	≤1/250 000	≤1/120 000	3.5
三等	4.5	1.8	≤1/150 000	≤1/70 000	7
四等	2	2.5	≤1/100 000	≤1/40 000	9
一级	1	5	≤1/40 000	≤1/20 000	15
二级	0.5	10	≤1/20 000	≤1/10 000	30

表 7.3 导线测量主要技术指标

等级	平均边长（m）	测距中误差（mm）	测角中误差（″）	导线全长相对闭合差	方位角闭合差（″）
三等	3 000	≤±20	≤±1.8	≤1/55 000	≤±3.6$\sqrt{n}$
四等	1 500	≤±18	≤±2.5	≤1/35 000	≤±5$\sqrt{n}$
一级	500	≤±15	≤±5	≤1/15 000	≤±10$\sqrt{n}$
二级	250	≤±15	≤±8	≤1/10 000	≤±16$\sqrt{n}$
三级	100	≤±15	≤±12	≤1/5 000	≤±24$\sqrt{n}$

注：n 为测站数。

（2）高程控制网

高程控制测量可以采用水准测量、三角高程测量和 GPS 高程测量方法。高程控制测量精度等级划分为二、三、四、五等。高程控制网一般采用水准测量方法，四等及以下可采用三角高程测量方法，五等也可以采用 GPS 高程测量方法。水准测量技术指标见表 7.4。

表 7.4 水准测量技术指标

等级	每 km 高差全中误差（mm）	往返测较差、附合或环线闭合差	
		平地（mm）	山地（mm）
二等	≤±2.0	≤±4$\sqrt{L}$	—
三等	≤±6.0	≤±12$\sqrt{L}$	≤±4$\sqrt{n}$
四等	≤±10.0	≤±20$\sqrt{L}$	≤±6$\sqrt{n}$
五等	≤±15.0	≤±30$\sqrt{L}$	—

注：L 为往返测段、附合或环线的水准路线长度（km），n 为测站数。

 职业贴士

高铁有砟轨道的高程控制网要求采用精密水准测量。这是一种介于二等水准和三等水准

之间的高精度高程控制测量等级。

6. 工程控制网数据处理

（1）平面控制测量

平面控制网数据处理的工作内容包括求定坐标未知数的最佳估值,评定总体精度、点位精度、相对点位精度以及未知函数精度等。

GPS 测量数据处理一般利用数据后处理软件,按照观测数据预处理、平差计算和转换的过程完成。数据预处理工作一般包括统一数据文件格式,观测数据平滑、滤波,卫星轨道标准化,探测周跳、修复载波相位观测值,对观测值进行各项必要的改正。平差计算工作包括基线向量解算、无约束平差、坐标系统转换和与地面联合平差等。

边角测量数据处理可以采用条件平差、间接平差等方法。

（2）高程控制测量

高程控制测量数据处理包括检查并消除观测数据系统误差、平差计算、评定观测值和平差结果精度。

水准测量数据处理可以采用条件平差法、间接平差法以及单一水准路线平差法、单接点水准网平差法、等权代替水准网平差法等。

三角高程测量数据处理除观测值定权方法略有不同外,其他与水准测量数据处理方法相同。

7.2　导线测量的外业

导线测量是建立工程控制网的一种常见形式,尤其是在通视条件较差的隐蔽区和地下工程的控制测量中,有着不可替代的作用。

7.2.1　导线布设的形式

导线测量一般都是在高一级控制点的基础上布设。根据测区条件和工程需要,导线可布设成以下三种形式。

1. 闭合导线

导线从一点出发,经过若干点的转折,最后又回到这一点,组成一闭合多边形,这种导线称为闭合导线,也称环形导线,如图 7.2 所示。闭合导线应与高级控制点连接,这项工作称为连测。与高级控制点连测的目的是为了导入方位角与坐标,以便获得导线的起算数据,使测量纳入统一的坐标系。图中的 A、B 就是高级控制点。闭合导线本身存在着严密的几何条件,具有检核作用。

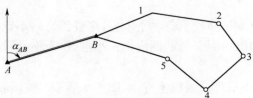

图 7.2　闭合导线

2. 附合导线

导线从一个高级控制点及一条已知方向出发，经过若干点的转折，最后附合到另一个高级控制点和另一条已知方向边上。如图 7.3 所示，A、B、C、D 就是高级控制点。附合导线是导线网布设的主要形式。附合导线具有检核观测成果的作用。

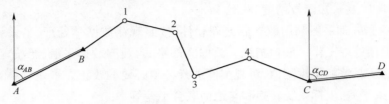

图 7.3　附合导线

3. 支导线

导线从两个已知控制点出发，既不闭合也不附合到另外的已知控制点上，如图 7.4 所示。方位角由一条已知边导入。由于支导线缺乏检核条件，无法限制误差累积，故支导线一般不超过 2 点。

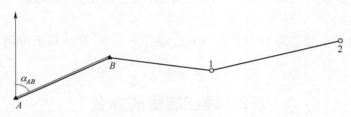

图 7.4　支导线

7.2.2　导线的选点与造标

1. 选点

根据控制点的用途和要求、测区的地形情况和已有控制点的分布，拟定导线的布设方案。最好先在小比例尺地形图上进行规划，然后到野外实地踏勘，选择定导线点的位置。

选点时，应考虑以下要求：

（1）相邻点间应相互通视良好，地势平坦，便于测角和量距。

（2）点位应选在土质坚实，便于安置仪器和保存标志的地方。

（3）导线点应选在视野开阔的地方，便于施工测图与施工放样的使用。

（4）导线边长应大致相等，相邻边长之比不宜超过 1∶3。

（5）导线点应有足够的密度，并均匀分布。

2. 建立标志

（1）临时性标志

导线点位置选定后，在每一点位上打一个木桩，在桩顶钉一小钉，作为点的标志，如图 7.5 所示。也可在水泥地面上用红漆划一圆，圆内点一小点，作为临时标志。

（2）永久性标志

需要长期保存的导线点应埋设混凝土桩，如图 7.6 所示。桩顶嵌入带"＋"字的金属标志，作为永久性标志。

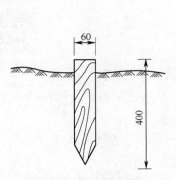

图 7.5 临时标志(单位:mm)

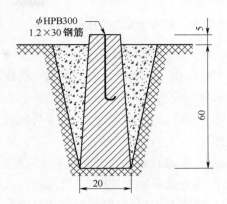

图 7.6 永久性标志(单位:cm)

3. 绘制点之记

导线点应统一编号。为了便于寻找,应量出导线点与附近明显地物的距离,绘出草图,注明尺寸,并作点位描述,其资料统称为"点之记",如图 7.7 所示。

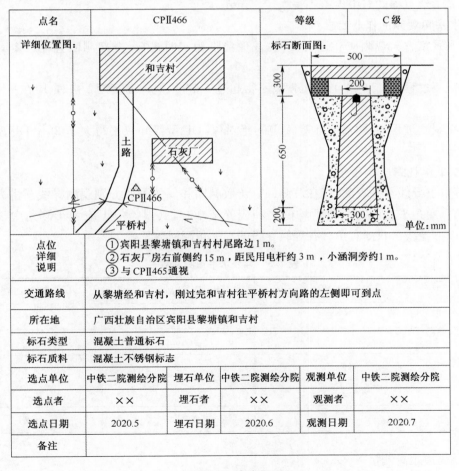

点名	CPⅡ466		等级	C 级

点位详细说明	①宾阳县黎塘镇和吉村村尾路边 1 m。 ②石灰厂房右前侧约 15 m,距民用电杆约 3 m,小涵洞旁约 1 m。 ③与 CPⅡ465 通视
交通路线	从黎塘经和吉村,刚过完和吉村往平桥村方向路的左侧即可到点
所在地	广西壮族自治区宾阳县黎塘镇和吉村
标石类型	混凝土普通标石
标石质料	混凝土不锈钢标志

选点单位	中铁二院测绘分院	埋石单位	中铁二院测绘分院	观测单位	中铁二院测绘分院
选点者	××	埋石者	××	观测者	××
选点日期	2020.5	埋石日期	2020.6	观测日期	2020.7
备注					

图 7.7 点之记

7.2.3 导线测角与测距

35. 闭合导线测量

1. 水平角观测仪器要求

导线转折角的测量一般采用测回法观测。

水平角观测应采用不低于 DJ$_6$ 型经纬仪，使用前应进行下列检验：

(1)照准部旋转轴正常，各位置气泡读数较差，DJ$_1$ 型经纬仪不得超过两格；DJ$_2$ 型不得超过一格。

(2)光学测微器行差与隙动差，DJ$_1$ 型经纬仪不得大于 1″；DJ$_2$ 型不得大于 2″。

(3)垂直微动螺旋使用时，视准轴在水平方向上不得产生偏移。

(4)照准部旋转时，仪器底座位移所产生的系统误差，DJ$_1$ 型经纬仪不得大于 0.3″；DJ$_6$ 型不得大于 1.0″。

(5)水平轴不垂直于垂直轴之差，DJ$_1$ 型经纬仪不得大于 10″；DJ$_2$ 型不得大于 15″；DJ$_6$ 型不得大于 20″。

(6)光学对点器的对中误差不得大于 1 mm。

2. 水平角观测的作业要求

(1)水平角方向观测应在通视良好、成像清晰稳定时进行，全部测回宜在一个时间段内完成。

(2)观测过程中，气泡中心位置偏离不得超过 1 格；气泡偏离接近 1 格时，应在测回间重新整置仪器。

(3)在观测过程中，两倍照准差(2C)的绝对值，DJ$_1$ 型经纬仪不得大于 20″；DJ$_2$ 型不得大于 30″。

3. 水平角观测

四等以上导线水平观测，应在总测回以奇数测回和偶数测回分别观测导线前进方向的左角和右角。左角平均值与右角平均值之和应等于 360°，其误差值不应大于测角中误差的两倍，一级以下导线可只测右角。各等级导线的水平角测回数见表 7.5。

表 7.5　导线水平角测回数

等级	DJ$_1$测回数	DJ$_2$测回数	DJ$_6$测回数
三等	6	10	…
四等	4	6	…
一级	…	2	4
二级	…	1	3
三级	…	1	2

4. 导线边距离测量

导线边距离的测量可选择钢尺量距及光电测距仪(全站仪)测距。一级及以下导线采用钢量距时，技术指标满足表 7.6 的要求。四等及以上的导线应采用光电测距仪(全站仪)测距，测距仪的精度不少于 5 mm＋5×10^{-6}×D。

表 7.6　导线钢尺量距技术指标

等级	附合导线长度(m)	平均边长(m)	往返丈量相对误差
一级	2 500	250	1/20 000
二级	1 800	180	1/15 000
三级	1 200	120	1/10 000
图根	900	80	1/3 000

 职业贴士

　　闭合导线与高级控制点连接时,还应观测连接角。未与高级控制点连接的闭合导线,则应测定导线起始边的磁方位角,并假定起点的坐标,以确定导线的起始方向和坐标。

技能训练 11

每组测设一条四条边组成的图根导线。完成导线测量外业工作。

一、训练目的

①掌握图根导线外业测量的内容和方法,进一步提高测量和量距的技术水平。
②掌握图根导线外业技术标准。

二、训练安排

①课时数:课内 2 学时(外业观测);每组 2~4 人。
②仪器:DJ_6 光学经纬仪、钢尺、测钎、计算器、记录本、测伞。
③场地:稍有起伏,相邻导线点间应互相通视,50 m×60 m 区域。

三、训练内容与训练步骤

1. 训练内容
导线点布点,导线外业测角、量距。
2. 训练步骤
(1)选点
①在测区内选定 4 点,组合闭合四边形,并以钉子标志,逆时针方向编号。
②导线点应选在地势较高,视野开阔便于施测碎步的地方。
③相邻导线间应互相通视,并便于丈量距离。
④导线边长,为实训方便,以 50~60 m 为宜。
(2)测角
①在导线起点安置罗盘仪,测出起始边的磁方位角,用以确定测区的方位。
②将经纬仪安置在导线点 2 上(另一台则安置在 4 点上),对中误差不大于 3 mm,在 1、3 点上用测杆架立测杆。
③按反时针方向用测回法测出各内角(先观测左目标,再观测右目标),两个半侧回之差不大于 $40''$。
④导线内角测完后,需检查内角闭合差,不得大于 $40''\sqrt{n}$,式中,n 为导线角数。

（3）量距

用钢尺直接丈量往返各边的边长，精度要求≤1/2 000。

四、训练报告

实训名称：图根导线测量

实训日期：_____专业：_____班级：_____姓名：_____

测量记录

图根导线测量外业观测记录表

_____年_____月_____日 天气_____观测_____记录_____检查

测点	度盘	目标	水平度盘读数（° ′ ″）	水平角 半测回值（° ′ ″）	一测回值（° ′ ″）	距离
A	左					$D_{AD}=$
	右					$D_{AB}=$
B	左					$D_{BA}=$
	右					$D_{BC}=$
C	左					$D_{CB}=$
	右					$D_{CD}=$
D	左					$D_{DC}=$
	右					$D_{DA}=$

角度闭合差计算：$f_\beta=$

	AB	BC	CD	DA
各边平均值				
各边相对误差				

7.3 导线测量的内业

导线测量的内业工作就是内业计算，又称导线平差计算，即用科学的方法处理测量成果，合理地分配测量误差，最后求出各导线点的坐标值。

7.3.1　闭合导线坐标计算

1. 计算准备工作

36. 导线内业计算

导线测量内业计算的目的就是计算各导线点的平面坐标 x、y。

计算之前，应先全面检查导线测量外业记录，数据是否齐全，有无记错、算错，成果是否符合精度要求，起算数据是否准确。然后绘制计算略图，将各项数据标注在图上的相应位置。如图 7.8 所示，该导线为二级导线。

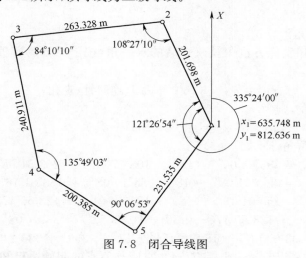

图 7.8　闭合导线图

2. 角度闭合差的计算和调整

（1）计算角度闭合差

如图 7.8 所示，n 边形闭合导线内角和的理论值为

$$\sum \beta_{理} = (n-2) \times 180° \qquad (7.1)$$

式中　n——导线边数或转折角数。

由于观测水平角不可避免地含有误差，致使实测的内角之和不等于理论值，两者之差称为角度闭合差，用 f_β 表示，即

$$f_\beta = \sum \beta_{测} - \sum \beta_{理} = \sum \beta_{测} - (n-2) \times 180° \qquad (7.2)$$

（2）计算角度闭合差的容许值

角度闭合差的大小反映了水平角观测的质量。各级导线角度闭合差的容许值 $f_{\beta容}$ 见表 7.3，其中二级导线角度闭合差的容许值 $f_{\beta容}$ 的计算公式为

$$f_{\beta容} = \pm 16'' \sqrt{n} \qquad (7.3)$$

式中　n——测站数。

如果 $f_\beta > f_{\beta容}$，说明所测水平角不符合要求，应对水平角重新检查或重测。

如果 $f_\beta \leqslant f_{\beta容}$，说明所测水平角符合要求，可对所测水平角进行调整。

本例中，$f_\beta = 10'' < f_{\beta容} = 36''$，符合要求。

（3）计算水平角改正数

角度闭合差不超过角度闭合差的容许值，则将角度闭合差反符号平均分配到各观测水平角中，也就是每个水平角加相同的改正数 V_β，V_β 的计算公式为

$$V_\beta = -f_\beta / n \qquad (7.4)$$

计算检核：水平角改正数之和应与角度闭合差大小相等符号相反，即

$$\sum V_\beta = - f_\beta \tag{7.5}$$

（4）计算改正后的水平角

改正后的水平角 $\beta_改$ 等于所测水平角加上水平角改正数：

$$\beta_{i改} = \beta_i + V_\beta \tag{7.6}$$

计算检核：改正后的闭合导线内角之和应为 $(n-2)\times180°$，本内业计算为 540°。

本例中 f_β、$f_{\beta容}$ 的计算过程详见表 7.7 辅助计算栏，水平角的改正数和改正后的水平角见表 7.7 第 3、4 栏。

3. 各边坐标方位角计算

根据起始边的已知坐标方位角及改正后的水平角，按下式计算其他各导线边的坐标方位角。

$$\alpha_后 = \alpha_前 - (180° - \beta_左) \quad (逆时针、左角) \tag{7.7}$$

若顺时针观测右角，则为

$$\alpha_后 = \alpha_前 + (180° - \beta_右)$$

本内业计算中方位角计算如下：

$$\alpha_{23} = 335°24'00'' - (180° - 108°27'08'') = 263°51'08''$$
$$\alpha_{34} = 263°51'08'' - (180° - 84°10'08'') = 168°01'16''$$
$$\alpha_{45} = 168°01'16'' - (180° - 135°49'01'') = 123°50'17''$$
$$\alpha_{51} = 123°50'17'' - (180° - 90°06'51'') = 33°57'08''$$
$$\alpha_{12} = 33°57'08'' - (180° - 121°26'52'') + 360° = 335°24'00''$$

计算检核：最后推算出起始边坐标方位角，它应与原有的起始边已知坐标方位角相等，否则应重新检查计算。

计算出导线各边的坐标方位角，填入表 7.7 的第五栏内。

4. 坐标增量的计算及其闭合差的调整

（1）计算坐标增量

根据已推算出的导线各边的坐标方位角和相应边的边长，按坐标正算的公式计算各边的坐标增量。本内业计算中导线边的坐标增量计算如下：

$$\Delta X_{12} = D_{12}\cos\alpha_{12} = 201.698 \times \cos335°24'00'' = 183.391(m)$$
$$\Delta Y_{12} = D_{12}\sin\alpha_{12} = 201.698 \times \sin335°24'00'' = -83.963(m)$$
$$\Delta X_{23} = D_{23}\cos\alpha_{23} = 263.328 \times \cos263°51'08'' = -28.200(m)$$
$$\Delta Y_{23} = D_{23}\sin\alpha_{23} = 263.328 \times \sin263°51'08'' = -261.810(m)$$
$$\Delta X_{34} = D_{34}\cos\alpha_{34} = 240.971 \times \cos168°01'16'' = -235.724(m)$$
$$\Delta Y_{34} = D_{34}\sin\alpha_{34} = 240.971 \times \sin168°01'16'' = 50.014(m)$$
$$\Delta X_{45} = D_{45}\cos\alpha_{45} = 200.385 \times \cos123°50'17'' = -111.584(m)$$
$$\Delta Y_{45} = D_{45}\sin\alpha_{45} = 200.385 \times \sin123°50'17'' = 166.443(m)$$
$$\Delta X_{51} = D_{51}\cos\alpha_{51} = 231.535 \times \cos33°57'08'' = 192.059(m)$$
$$\Delta Y_{51} = D_{51}\sin\alpha_{51} = 231.535 \times \sin33°57'08'' = 129.313(m)$$

计算出各边的坐标增量值，填入表 7.7 的第 7、8 两栏的相应格内。

（2）计算坐标增量闭合差

如图 7.9(a) 所示，闭合导线，纵、横坐标增量代数和的理论值应为零，即

$$\sum \Delta x_理 = 0$$
$$\sum \Delta y_理 = 0$$

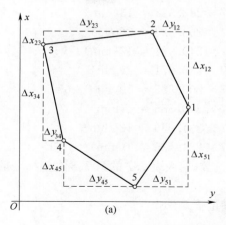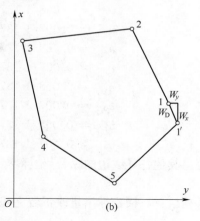

图 7.9　坐标增量闭合差

实际上由于导线边长测量误差和角度闭合差调整后的残余误差,使得实际计算所得的 $\sum \Delta x$、$\sum \Delta y$ 不等于零,从而产生纵坐标增量闭合差 W_x 和横坐标增量闭合差 W_y,即

$$W_x = \sum \Delta x$$

$$W_y = \sum \Delta y$$

(3)计算导线全长闭合差 W_D 和导线全长相对闭合差 W_K

从图 7.9(b)可以看出,由于坐标增量闭合差 W_x、W_y 的存在,使导线不能闭合,$1-1'$ 之长度 W_D 称为导线全长闭合差,并用下式计算

$$W_D = \sqrt{(W_x^2 + W_y^2)}$$

仅从 W_D 值的大小还不能说明导线测量的精度,衡量导线测量的精度还应该考虑到导线的总长。将 W_D 与导线全长 $\sum D$ 相比,以分子为 1 的分数表示,称为导线全长相对闭合差 K,即

$$K = \frac{W_D}{\sum D} = \frac{1}{\sum D/W_D} \tag{7.8}$$

以导线全长相对闭合差 K 来衡量导线测量的精度,K 的分母越大,精度越高。不同等级的导线,其导线全长相对闭合差的容许值 $K_容$ 参见表 7.3,二级导线的为 $K_容 \leqslant 1/10\ 000$。

如果 $K > K_容$,说明成果不合格,此时应对导线的内业计算和外业工作进行检查,必要时须重测。

如果 $K \leqslant K_容$,说明测量成果符合精度要求,可以进行调整。

本例中 W_x、W_y、W_D 及 K 的计算见表 7.7 辅助计算栏。

(4)调整坐标标增量闭合差

调整的原则是将 W_x、W_y 反号,并按与边长成正比的原则,分配到各边对应的纵、横坐标增量中去。以 v_{xi}、v_{yi} 分别表示第 i 边的纵、横坐标增量改正数,即

$$\left.\begin{aligned} v_{xi} &= -\frac{W_x}{\sum D} \cdot D_i \\ v_{yi} &= -\frac{W_y}{\sum D} \cdot D_i \end{aligned}\right\} \tag{7.9}$$

本内业计算中导线边 $1-2$ 的坐标增量改正数为

$$v_{x_{12}} = 0.058/1\ 137.917 \times 201.698 = 11(\mathrm{mm})$$

$$v_{y_{12}} = 0.007/1\ 137.917 \times 201.698 = 1(\mathrm{mm})$$

$$v_{x_{23}} = 0.058/1\,137.917 \times 263.328 = 13 (\text{mm})$$
$$v_{y_{23}} = 0.007/1\,137.917 \times 263.328 = 2 (\text{mm})$$
$$v_{x_{34}} = 0.058/1\,137.917 \times 240.971 = 12 (\text{mm})$$
$$v_{y_{34}} = 0.007/1\,137.917 \times 240.971 = 2 (\text{mm})$$
$$v_{x_{45}} = 0.058/1\,137.917 \times 200.385 = 10 (\text{mm})$$
$$v_{y_{45}} = 0.007/1\,137.917 \times 200.385 = 1 (\text{mm})$$
$$v_{x_{51}} = 0.058/1\,137.917 \times 231.535 = 12 (\text{mm})$$
$$v_{y_{51}} = 0.007/1\,137.917 \times 231.535 = 1 (\text{mm})$$

计算出其他各导线边的纵、横坐标增量改正数,填入表 7.7 的第 7、8 栏坐标增量值相应方格的上方。

计算检核:纵、横坐标增量改正数之和应满足下式

$$\left.\begin{array}{l} \sum v_x = -W_x \\ \sum v_y = -W_y \end{array}\right\} \tag{7.10}$$

(5)计算改正后的坐标增量

各边坐标增量计算值加上相应的改正数,即得各边的改正后的坐标增量。

$$\left.\begin{array}{l} \Delta x_{i改} = \Delta x_i + v_{xi} \\ \Delta y_{i改} = \Delta y_i + v_{yi} \end{array}\right\} \tag{7.11}$$

本内业计算中导线边 1—2 改正后的坐标增量为

$$\Delta x_{12改} = \Delta x_{12} + vx_{12} = +183.391 + 0.011 = +183.402$$

$$\Delta y_{12改} = \Delta y_{12} + vy_{12} = -83.963 + 0.001 = -83.962$$

用同样的方法,计算出其他各导线边的改正后坐标增量,填入表 7.7 的第 9、10 栏内。

表 7.7　闭合导线计算表

点名	观测角度 (° ′ ″)	改正后角值 (° ′ ″)	坐标方位角 (° ′ ″)	边长 (m)	坐标增量		改正后坐标增量		坐标	
					Δx(m)	Δy(m)	$\Delta x'$(m)	$\Delta y'$(m)	X(m)	Y(m)
1	2	3	4	5	6	7	8	9	10	11
1			335°24′00″	201.698	+11 +183.391	+1 −83.963	+183.402	−83.962	635.748	812.636
2	−2 108°27′10″	108°27′08″	263°51′08″	263.328	+13 −28.200	+2 −261.814	−28.187	−261.812	819.150	728.674
3	−2 84°10′10″	84°10′08″	168°01′16″	240.971	+12 −235.724	+2 50.014	−235.712	+50.016	790.963	466.862
4	−2 135°49′03″	135°49′01″	123°50′17″	200.385	+10 −111.584	+1 +166.443	−111.574	+166.444	555.251	516.878
5	−2 90°06′53″	90°06′51″	33°57′08″	231.535	+12 +192.059	+1 +129.313	+192.071	+129.314	443.677	683.322
1	−2 121°26′54″	121°26′52″	335°24′00″						635.748	812.636
2										
$\sum$	540°00′10″	540°00′00″		1 137.917	−0.058	−0.007	0.000	0.000		
辅助计算	$f_\beta = \sum \beta_{测} - \sum \beta_{理} = 540°00′10″ - 540°00′00″ = 10″$　　　　$W_x = -0.058$ m　　$W_y = -0.007$ m									
	$f_\beta = 10″ < f_{β容} = 36″$　合格　　　　　　　　　　$W_D = 0.058$ m									
	$K = W_D/\sum D = 0.058/1\,137.917 = 1/19\,653 < 1/10\,000$　　　合格									

计算检核：改正后纵、横坐标增量之代数和应分别为零。

5. 计算各导线点的坐标

根据起始点 1 的已知坐标和改正后各导线边的坐标增量，按下式依次推算出各导线点的坐标：

$$x_i = x_{i-1} + \Delta x_{i-1改}$$
$$y_i = y_{i-1} + \Delta y_{i-1改}$$

$$x_2 = x_1 + \Delta x_{12改} = 635.748 + 183.402 = 819.150(\text{m})$$
$$y_2 = y_1 + \Delta y_{12改} = 812.636 - 83.962 = 728.674(\text{m})$$
$$x_3 = x_2 + \Delta x_{23改} = 819.150 - 28.187 = 790.963(\text{m})$$
$$y_3 = y_2 + \Delta y_{23改} = 728.674 - 261.812 = 466.862(\text{m})$$
$$x_4 = x_3 + \Delta x_{34改} = 790.963 - 235.712 = 555.251(\text{m})$$
$$y_4 = y_3 + \Delta y_{34改} = 466.862 + 50.016 = 516.878(\text{m})$$
$$x_5 = x_4 + \Delta x_{45改} = 555.251 - 111.574 = 443.677(\text{m})$$
$$y_5 = y_4 + \Delta y_{45改} = 516.878 + 166.444 = 683.322(\text{m})$$
$$x_1 = x_5 + \Delta x_{51改} = 443.677 + 192.071 = 635.748(\text{m})$$
$$y_1 = y_5 + \Delta y_{51改} = 683.32 + 129.314 = 812.636(\text{m})$$

将推算出的各导线点坐标，填入表 7.7 中的第 11、12 栏内。最后推算出的起始点 1 的坐标，其值应与原有的已知值相等，以作为计算检核。

7.3.2　附合导线坐标计算

附合导线的坐标计算与闭合导线的坐标计算基本相同，仅在角度闭合差的计算与坐标增量闭合差的计算方面稍有差别。图 7.10 为二级附合导线。

1. 角度闭合差的计算与调整

（1）计算角度闭合差

如图 7.10 所示，根据起始边 AB 的坐标方位角 α_{AB} 及观测的各右角，按公式推算 CD 边的坐标方位角 α'_{CD}。

根据公式 $\alpha_后 = \alpha_前 + (180° - \beta_右)$，推算如下：

$$\alpha_{B1} = \alpha_{AB} + (180° - \beta_B)$$
$$\alpha_{12} = \alpha_{B1} + (180° - \beta_1)$$
$$\alpha_{23} = \alpha_{12} + (180° - \beta_2)$$
$$\alpha_{34} = \alpha_{23} + (180° - \beta_3)$$
$$\alpha_{4C} = \alpha_{34} + (180° - \beta_4)$$
$$\alpha'_{CD} = \alpha_{4C} + (180° - \beta_C)$$

将前面计算式代入最后计算式得

$$\alpha'_{CD} = \alpha_{AB} + 5 \times 180° - \sum\beta_右$$

写成一般公式：

$$\alpha'_终 = \alpha_起 + n \times 180° - \sum\beta_右 \tag{7.12}$$

如果观测的是左角，则公式为

$$\alpha'_终 = \alpha_起 - n \times 180° + \sum\beta_左 \tag{7.13}$$

附合导线的角度闭合差 f_β 为

$$f_\beta = \alpha'_\text{终} - \alpha_\text{终} \tag{7.14}$$

（2）调整角度闭合差

当角度闭合差在容许范围内，如果观测的是左角，则将角度闭合差反号平均分配到各左角上；如果观测的是右角，则将角度闭合差同号平均分配到各右角上。

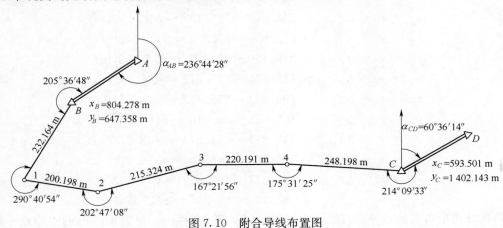

图 7.10　附合导线布置图

2. 坐标增量闭合差的计算

附合导线的坐标增量代数和的理论值应等于终、始两点的已知坐标值之差，即

$$\sum \Delta x_\text{理} = x_\text{终} - x_\text{起}$$
$$\sum \Delta y_\text{理} = y_\text{终} - y_\text{起} \tag{7.15}$$

纵、横坐标增量闭合差为：

$$W_x = \sum \Delta x - \sum \Delta x_\text{理}$$
$$W_y = \sum \Delta y - \sum \Delta y_\text{理} \tag{7.16}$$

坐标增量闭合差的调整方法与闭合导线相同。

图 7.10 所示的二级附合导线的坐标计算，见表 7.8。

表 7.8　附合导线计算表

点号	观测角（右角）	改正数	改正角	方位角 α	距离 D	坐标增量/改正数		改正后增量		坐标	
						Δx	Δy	$\Delta x_\text{改}$	$\Delta y_\text{改}$	x	y
1	2	3	4	5	6	7	8	9	10	11	12
A				236°44′28″							
B	205°36′48″	+5″	205°36′53″							804.278	647.358
				211°07′35″	232.164	−198.739/−0.011	−120.012/+0.009	−198.750	−120.003		
1	290°40′54″	+5″	290°40′59″							605.528	527.355
				100°26′36″	200.198	−36.288/−0.010	+196.882/+0.007	−36.298	+196.889		
2	202°47′08″	+5″	202°47′13″							569.230	724.244
				77°39′23″	215.324	46.031/−0.010	+210.346/+0.008	+46.021	+210.354		
3	167°21′56″	+5″	167°22′01″							615.251	934.598
				90°17′22″	220.191	−1.112/−0.011	+220.188/+0.008	−1.123	+220.196		
4	175°31′25″	+5″	175°31′30″							614.128	1 154.794
				94°45′52″	248.198	−20.615/−0.012	+247.340/+0.009	−20.627	+247.349		
C	214°09′33″	+5″	214°09′38″							593.501	1 402.143
				60°36′14″							
D											
$\sum$	1256°07′44″	+30″	1256°07′14″		1116.075	−210.723/−0.054	+754.744/+0.041	−210.777	+754.785		

续上表

点号	观测角（右角）	改正数	改正角	方位角 α	距离 D	坐标增量/改正数		改正后增量		坐标	
						Δx	Δy	$\Delta x_{改}$	$\Delta y_{改}$	x	y
辅助计算	$\alpha'_{CD} = \alpha_{AB} + 6 \times 180° - \sum\beta_{右} = 60°36'44''$ $f_\beta = \alpha'_{CD} - \alpha_{CD} = 60°36'44'' - 60°36'14'' = +30''$ $f_\beta < f_{\beta容} = 39''$　符合规范					$\sum\Delta x_{理} = x_{终} - x_{起} = -210.777$ $\sum\Delta y_{理} = y_{终} - y_{起} = 754.785$ $W_x = 0.054 \text{ m}$　$W_y = -0.041 \text{ m}$ $W_D = 0.068 \text{ m}$					
	$K = W_D / \sum D = 0.068/1\,116.075 = 1/16\,412 < K_{容} = 1/10\,000$　符合规范										

导线测量要求测量线路必须通视，在高山地区修建隧道时，洞外控制网如果采用导线测量，就必须使隧道进出口的导线沿高山或者绕过高山贯通，这样工作量大且测量误差容易超限，在这种情况下，一般采用 GPS 控制网，可以大大减少工作量并且能保证测量精度。

技能训练 12

每组根据上次测设的图根导线数据，完成导线测量内业工作。

一、训练目的

①熟悉图根导线内业计算的技术标准。
②掌握图根导线计算的内容和方法。

二、训练安排

①课时数：课内 2 学时（内业计算），每组 2～4 人。
②仪器：计算器、三角板。

三、训练内容与训练步骤

①利用本组在外业工作中所得数据，进行图根导线的精度评定及误差分配。
②独立计算图根导线中各点的坐标。
1. 训练内容
导线内业平差计算。
2. 训练步骤
（1）计算准备
①检查并复核记录：检查边长和水平角的观测数据是否齐全，精度是否符合要求，起始边方位角的有无等。
②绘制导线略图：按任意比例尺，按平均边长和平均水平角，用分度器和比例尺绘制导线略图作为计算的参考。
③填写导线计算表：参照略图，按原始记录，将平均边长（精确至厘米）和平均水平角及起始边的坐标方位角填入相应栏内。

（2）闭合导线计算

①角度闭合差的计算和调整。

②坐标方向角的推算。

③坐标增量的计算。

④坐标增量闭合差的计算和调整。

⑤坐标计算。

四、训练报告

实训名称：图根导线计算

实训日期：_____专业：_____班级：_____姓名_____

内业计算

闭合导线计算表

_____年_____月_____日　天气：_____　观测：_____　记录：_____　检查：_____

点号	角度观测值	改正数	改正后角度	方位角	水平距离	坐标增量		改正后坐标增量		坐标		点号
	(° ′ ″)	(° ′ ″)	(° ′ ″)	(° ′ ″)	L	ΔX	ΔY	ΔX	ΔY	X	Y	
Σ												
辅助计算										导线略图：		

7.4　高程控制测量

对于一般工程,通常以三、四等水准测量建立首级控制,然后再发展图根水准测量或三角高程测量。此外,三、四等水准测量还直接为各项工程的施工提供高程控制。

37. 高程控制测量

7.4.1　三、四等水准测量原理

1. 三、四等水准测量的技术要求

三、四等水准路线的布设,在加密国家控制点时,多布设为附合水准路线、结点网的形式;在独立测区作为首级高程控制时,应布设成闭合水准路线形式;而在山区、带状工程测区,可布设为水准支线。水准点应选在地基稳固,能长久保存和便于观测的地方,尽量避开土质松软地段,水准点间的距离一般为 2～4 km,在城市建筑区为 1～2 km。三、四等水准测量的主要技术要求、观测方法及三、四等水准测量的精度要求,分别参见表 7.9～表 7.11。

表 7.9　三、四等水准的主要技术要求(光学水准仪观测)

等级	水准仪型号	视线长度(m)	前后视距差(m)	前后视距差累计(m)	视线离地面最低高度(m)	基本分划、辅助分划读数差(mm)	基本分划、辅助分划高差之差(mm)
三等	DS$_1$	100	3	6	0.3	1.0	1.5
	DS$_3$	75				2.0	3.0
四等	DS$_3$	100	5	10	0.2	3.0	5.0
五等	DS$_3$	100	大致相等				
图根	DS$_{10}$	≤100					

表 7.10　水准测量的观测方法

等级	仪器类型	水准尺类型	观测方法		观测顺序
三等	DS$_1$	因瓦	光学观测法	往	后—前—前—后
	DS$_3$	双面	中丝读数法	往返	后—前—前—后
四等	DS$_3$	双面	中丝读数法	往返、往	后—后—前—前
五等	DS$_3$	单面	中丝读数法	往返、往	后—前

表 7.11　水准测量的精度要求

等级	每公里高差中数中误差（mm）		往返较差、附合或环线闭合差（mm）		检测已测测段高差之差（mm）
	偶然中误差 M_Δ	全中误差 M_W	平原微丘区	山岭重丘区	
三等	±3	±6	$\pm12\sqrt{L}$	$\pm4\sqrt{n}$ 或 $\pm15\sqrt{L}$	$\pm20\sqrt{L_i}$
四等	±5	±10	$\pm20\sqrt{L}$	$\pm6.0\sqrt{n}$ 或 $\pm25\sqrt{L}$	$\pm30\sqrt{L_i}$
五等	±8	±16	$\pm30\sqrt{L}$	—	$\pm40\sqrt{L_i}$

注：计算往返较差时，L 为水准点间的路线长度（km）；计算附合或环状闭合差时，L 为附合或环线的路线长度（km），n 为测站数，L_i 为检测测段长度（km）。

2. 三、四等水准测量的方法

（1）每站观测程序和记录格式

三四等水准测量的观测应在通视良好、望远镜成像清晰稳定的情况下进行，若用普通 DS₃ 水准仪观测，则应注意：每次读数前都应精平（即符合水准气泡居中）。如果使用自动安平水准仪，则无须精平，工作效率大为提高。

以四等水准测量为例介绍用双面水准尺法在一个测站的观测程序。

①后视水准尺黑面，读取上、下视距丝和中丝读数，记入记录表（表 7.12）中（1）、（2）、（3）位置。

②后视水准尺红面，读取中丝读数，记入记录表（表 7.12）中（8）位置。

③前视水准尺黑面，读取上、下视距丝和中丝读数，记入记录表（表 7.12）中（4）、（5）、（6）位置。

④前视水准尺红面，读取中丝读数，记入记录表（表 7.12）中（7）位置。

这样的观测顺序简称为"后—后—前—前（黑—红—黑—红）"的观测步骤，其优点是可以减弱仪器下沉误差的影响。概括起来，每个测站共需读取 8 个读数，并立即进行测站计算与检核，满足三、四等水准测量的有关限差要求后方可迁站。

（2）测站计算与检核

①视距计算根据前、后视的上、下视距丝读数计算前、后视的视距。

后视距离：　　　　　　　（9）＝100×{（1）－（2）}

前视距离：　　　　　　　（10）＝100×{（4）－（5）}

计算前、后视距差（11）：　　　　（11）＝（9）－（10）

对于三等水准测量，（11）不得超过 3 m，对于四等水准测量，不得超过 5 m。

计算前、后视距离累积差（12）：（12）＝上站（12）＋本站（11）。

对于三等水准测量，（12）不得超过 6 m，对于四等水准测量，不得超过 10 m。

②尺常数 K 检核：同一水准尺黑面与红面读数差的检核。

$$K_1 = (13) - (7) - (6)$$

$$K_2 = (14) - (8) - (3)$$

K_i 为双面水准尺的红面分划与黑面分划的零点差（常数为 4.687 m 或 4.787 m）。对于三等水准测量,尺常数误差不得超过 2 mm;对于四等水准测量,不得超过 3 mm。

表 7.12　三、四等水准测量记录

测站 编号	点号	后尺 上丝/下丝	前尺 上丝/下丝	方向及 尺号	标尺读数 (中丝) 黑面	标尺读数 (中丝) 红面	K+黑-红 (mm)	平均高差 (m)
		后视距 视距差 (m)	前视距 累计差 ∑d(m)					
		(1)	(4)	后	(3)	(8)	(14)	(18)
		(2)	(5)	前	(6)	(7)	(13)	
		(9)	(10)	后—前	(15)	(16)	(17)	
		(11)	(12)					
1	BM₂ | TP₁	1 534	1 778	后	1 352	6 138	+1	−0.242
		1 172	1 408	前	1 594	6 280	+1	
		36.2	37.0	后—前	−0.242	−0.142	0	
		−0.8	−0.8					
2	TP₁ | TP₂	1 555	1 652	后	1 392	6 078	+1	−0.090
		1 230	1 311	前	1 481	6 269	−1	
		32.5	34.1	后—前	−0.089	−0.191	+2	
		−1.6	−2.4					
3	TP₂ | TP₃	1 278	1 368	后	1 120	5 908	−1	−0.103
		0 965	1 080	前	1 224	5 910	+1	
		31.3	28.8	后—前	−0.104	−0.002	−2	
		+2.5	+0.1					
4	TP₃ | BM₁	2 017	1 259	后	1 824	6 511	0	+0.756
		1 634	0 878	前	1 068	5 855	0	
		38.3	38.1	后—前	+0.756	+0.656	0	
		+0.2	+0.3					
计算 校核		∑(9)=138.3 ∑(10)=138.0 ∑(9)−∑(10)=0.3 ∑(9)+∑(10)=276.3	∑(3)=5.684 ∑(6)=5.367 ∑(15)=+0.321 ∑(15)+∑(16)=0.642		∑(8)=24.635 ∑(7)=24.314 ∑(16)=+0.321 2∑(18)=0.642			

③高差计算与检核:按前、后视水准尺红、黑面中丝读数分别计算该站高差。

黑面高差:　　　　　　　　　(15)=(3)−(6)

红面高差:　　　　　　　　　(16)=(8)−(7)

红黑面高差之差:　　　(17)=(15)−(16)±100=(14)−(13)

如果观测没有误差,(17)应为 0。对于三等水准测量,(17)不得超过 3 mm;对于四等水准测量,不得超过 5 mm。

红黑面高差之差在容许范围以内时取其平均值,作为该站的观测高差。

$$(18)=\{(15)+[(16)±100 \text{ mm}]\}/2$$

上式计算时,当(15)>(16),100 mm 前取正号计算;当(15)<(16),100 mm 前取负号计算。总之,平均高差(18)应与黑面高差(15)很接近。

④每页水准测量记录计算检核：每页水准测量记录应作总的计算检核。

高差检核：

$$\sum (3) - \sum (6) = \sum (15)$$

$$\sum (8) - \sum (7) = \sum (16)$$

或　　　　$$\sum (15) - \sum (16) = 2 \sum (18)（偶数站）$$

$$\sum (15) - \sum (16) = 2 \sum (18) \pm 100 \text{ mm}（奇数站）$$

视距差检核：

$$\sum (9) - \sum (10) = 本页末站(12) - 前页末站(12)$$

本页总视距：　　　　$$\sum (9) + \sum (10)$$

39. 四等水准
测量内业计算

40. 四等水准测量计算

（3）成果整理

在完成一测段单程测量后，须立即计算其高差总和。完成一测段往、返观测后，应立即计算高差闭合差，进行成果检核。其高差闭合差应符合表 7.9 的规定，然后对闭合差进行调整，最后按调整后的高差计算各水准点的高程。

✎ 职业贴士

对于三等以上的水准测量，一般采用电子水准仪配合数字水准尺进行，测量时仪器进行自动读数，可以保证测量精度。

7.4.2　三角高程测量

1. 三角高程测量原理

三角高程测量是根据两点间的水平距离和垂直角，计算两点间的高差。如图 7.11 所示，已知 A 点的高程 H_A，欲测定 B 的高程 H_B，可在 A 点上安置经纬仪，量取仪器高 i（即仪器水平轴至测点的高度），并在 B 点设置观测标志（称为觇标）。用望远镜中丝瞄准觇标的顶部 M 点，测出垂直角 α，量取觇标高度 ν（即觇标顶部 M 至目标点的高度），再根据 A、B 两点间的水平距离 D_{AB}，则 A、B 两点间的高差 h_{AB} 为

$$h_{AB} = D_{AB} \tan \alpha + i - \nu \qquad (7.17)$$

式中　D_{AB}——A、B 两点间的水平距离(m)；

　　　　α——垂直角($°$)；

　　　　i——仪器高(m)；

　　　　ν——觇标高(m)。

B 点的高程 H_B 为

$$H_B = H_A + h_{AB} + D_{AB} \tan \alpha + i - \nu \qquad (7.18)$$

当两点距离大于 300 m 时，应考虑地球曲率和大气折光对高差的影响。为了消除或减弱

图 7.11　三角高程测量

地球曲率和大气折光的影响,三角高程测量一般应进行对向观测,亦称直、反觇观测。

2. 三角高程的施测

(1)将经纬仪安置在测站点上,用钢尺量仪器高 i 和觇标高 v,分别量两次,精确至毫米,两次的结果之差不大于 1 cm,取其平均值。

(2)用十字丝的中丝瞄准目标点觇标顶端,盘左、盘右观测,读取竖直度盘读数 L 和 R,计算出垂直角,要求观测 1~3 测回,较差满足规范的规定。

(3)高差及高程的计算应按公式进行计算。采用对向观测法且对向观测较差满足表 7.13 要求时,取平均值作为高差结果。

测距仪和全站仪三角高程测量的主要技术要求见表 7.13。

表 7.13　光电三角高程测量技术要求

等级	仪器	测距边测回数	垂直角测回数		指标较较差(″)	垂直角较差(″)	对向观测高差较差(mm)	附合或闭合路线闭合差(mm)
			三丝法	中丝法				
四等	DJ$_2$	往返各 1	—	3	≤7	≤7	$40\sqrt{D}$	$20\sqrt{D}$
五等	DJ$_2$	1	1	2	≤10	≤10	$60\sqrt{D}$	$30\sqrt{D}$

注:D 为测距边的长度(km)。

采用全站仪进行三角高程测量时,可先将球气差改正数参数及其他参数输入仪器,然直接测定测点高程。

 职业贴士

在地势起伏较大的山区,采用全站仪三角高程测量,可以大大减少工作量,同时也可以保证测量的精度要求。

技能训练 13

每个小组利用 DS$_3$ 型水准仪,测量一段四等闭合水准路线。

一、训练目的

①掌握四等水准测量的施测、记录与计算。
②按四等水准测量的限差观测,根据规范要求保证闭合环的各项精度指标。

二、训练安排

①课时数:课内 2 学时(外业观测),课外 2 学时(内业观测);每组 2~4 人。
②仪器:DS$_3$ 水准仪、水准尺、尺垫、计算器、记录本、测伞。
③场地:稍有起伏,500~600 m。

三、训练内容与训练步骤

1. 训练内容
①在测区内选定 4 点,组合一个闭合环,进行四等水准外业观测。

②利用本组在外业工作中所得数据,独立计算水准路线中的各点高程。

2. 训练步骤

（1）基本要求

①选择一条可设四测段的水准路线。

②选一个突出地面的固定点作为水准点。

③按四等水准测量的限差观测。

（2）双面尺法观测步骤

①观测黑面:利用十字丝的上、下、中丝获得后视尺黑面刻划数字;利用十字丝的上、下、中丝获得前视尺黑面刻划数。

②观测红面:利用十字丝的中丝获得后视尺、前视尺的红面刻划数字。

③记录、计算与检核:按观测程序,表头说明观测、记录的内容。

四、训练报告

实训名称:四等水准测量

实训日期:_____　专业:_____　班级:_____　姓名_____

1. 外业观测记录表(见附表 1 四等水准测量外业观测记录表)

2. 内业计算(见附表 2 水准测量高差计算表)

附表 1　四等水准测量外业观测记录表

_____年_____月_____日　天气:_____　观测:_____　记录:_____　检查:_____

测站编号	点号	后尺	上丝	前尺	上丝	方向及尺号	标尺读数(m)		黑＋K－红 (mm)	高差中数 (m)	备注
			下丝		下丝						
		后视距(m)		前视距(m)			黑面	红面			
		视距差 d(m)		累积差 $\sum d$(m)							
						后					
						前					
						后—前					
						后					K 为水准尺常数
						前					
						后—前					
						后					
						前					
						后—前					

续上表

测站编号	点号	后尺	上丝 下丝	前尺	上丝 下丝	方向及尺号	标尺读数(m)		黑+K-红 (mm)	高差中数(m)	备注
		后视距(m)		前视距(m)			黑面	红面			
		视距差 d(m)		累积差 Σd(m)							
						后					K 为水准尺常数
						前					
						后—前					
						后					
						前					
						后—前					

附表 2 水准测量高差计算表

_____年_____月_____日 天气：_____ 观测：_____ 记录：_____ 检查：_____

点号	距离 (km)	实测高差 h(m)	改正数 v(mm)	改正后高差 h'(m)	高程 H(m)
BM$_A$					
1					
2					
3					
BM$_A$					
总和					
辅助计算					

🔑 **拓展知识**

高精度水准测量误差分析
——高精度水准测量误差来源

（1）i 角误差（视准轴与水准轴不平行的误差）

在 i 角保持不变的情况下，一个测站上的前后视距相等或一个测段的前后视距总和相等，

高差中由于 i 角的误差影响可以得到消除。但在实际作业中，要求前后视距完全相等是困难的。一般地，当 $i=15''$，前后视距累计差为 1.4 m 时，对标高的影响为 0.1 mm。

（2）φ 角误差的影响（仪器垂直轴倾斜造成）

当仪器不存在 i 角，则在仪器的垂直轴严格垂直时，交叉误差 φ 并不影响在水准标尺上的读数，因为仪器在水平方向转动时，视准轴与水准轴在垂直面上的投影仍保持互相平行，因此对水准测量并无不利影响。但当仪器的垂直轴倾斜时，如与视准轴正交的方向倾斜一个角度，那么这时视准轴虽然仍在水平位置，但水准轴两端却产生倾斜、从而水准气泡偏离居中位置，仪器在水平方向转动时、水准气泡将移动，当更新调整水准气泡居中进行观测时，视准轴就会偏离水平位置而倾斜，显然它将影响在水准标尺上的读数。为了减少这种误差对水准测量成果的影响。应对水准仪上的圆水准器进行检验与校正和对交叉误差 φ 进行检验与校正。

（3）水准尺每米长度误差

设水准标尺每米间隔平均真长误差为 f，对一个测站高差应加的改正数为

$$\delta_{\mathrm{f}} = hf$$

对一个测段高差应加的改正数为

$$\sum \delta_{\mathrm{f}} = f \sum h$$

（4）水准尺零点差

两水准标尺的零点误差不等，则在水准标尺上产生误差。但在测量过程中，尽管两水准标尺的零点误差，但在两相邻测站的观测高差之和中，抵消了这种误差的影响，故在实际水准测量作业中各测段的测站数目应安排成偶数，且在相邻测站上使两水准标尺轮流作为前视尺和后视尺。

（5）大气折光影响

前后视距尽可能相等，视线离地面要有足够的高度，往返测分别在上午和下午进行。

（6）仪器下沉

可采用改变观测程序的方法来消弱其影响，当仪器的脚架随时间而逐渐下沉时，在读完后视基本分划读数转向前视基本分划读数的时间内，由于仪器的下沉。视线将有所下降，而使前视基本分划读数偏小。同理，由于仪器的下沉，后视辅助分划读数偏小，如果前视基本分划和后视辅助分别的读数偏小的量相同，则采用"后—前—前—后"的观测程序所测得的基辅高差的平均值中、可以较好地消除这项误差影响。

（7）水准标尺（尺台或尺桩）下沉

水准标尺（尺台或尺桩）的垂直位移，主要是发生在迁站的过程中，由原来的前视尺转为后视尺而产生下沉，于是总使后视读数偏大。使各测站的观测高差都偏大，成为系统性的误差影响。这种误差影响在往返测高差的平均值中可以得到有效的抵偿，所以水准测量一般都要求进行往返测。

（8）高精度水准测量注意事项

①精密水准测量，测站观测程序如下：

a. 往测时：

奇数站：后视→前视→前视→后视。

偶数站：前视→后视→后视→前视。

b. 返测时：

偶数站：后视→前视→前视→后视。

奇数站:前视→后视→后视→前视。

②观测前30分钟,应将仪器置于露天阴影处,使仪器与外界气温趋于一致;观测时应用测伞遮蔽阳光;迁站时应罩以仪器罩。

③仪器距前、后视水准标尺的距离应尽量相等,其差应符合规范规定。

④对气泡式水准仪,观测前应测出倾斜螺旋的置平零点,并作标记,随着气温变化,应随时调整置平零点的位置。对于自动安平水准仪的圆水准器,须严格置平。

⑤在同一测站上观测时,不得两次调焦;转动仪器的倾斜螺旋和测微螺旋,其最后旋转方向均应为旋进,以避免倾斜螺旋和测微器隙动差对观测成果的影响。

⑥在连续各测站上安置水准仪时,应使其中两脚螺旋与水准路线方向平行,而第三脚螺旋轮换置于路线方向的左侧与右侧。

⑦每一测段的往测与返测,其测站数均应为偶数。由往测转向返测时。两水准标尺应互换位置,并应重新整置仪器。在水准路线上每一测段仪器测站安排成偶数,可以削减两水准标尺零点不等差等误差对观测高差的影响。

⑧一个测段的水准测量路线的往测和返测应在不同的气象条件下进行,如分别在上午和下午观测。

⑨使用补偿式自动安平水准仪观测的操作程序与水准器水准仪相同。观测前对圆水准器应严格检验与校正,观测时应严格使圆水准器气泡居中。

⑩水准测量的观测工作间歇时,最好能结束在固定的水准点上,否则,应选择两个坚稳可靠、光滑突出、便于放置水准标尺的固定点,作为间歇点加以标记。间歇后,应对两个间歇点的高差进行检测,检测结果如符合限差要求(对于二等水准测量,规定检测间歇点高差之差应不大于1.0 mm),就可以从间歇点起测。若仅能选定一个固定点作为间歇点,则在间歇后应仔细检视,确认没有发生任何位移,方可由间歇点起测。

 小结

1. 工程控制网的建立

工程控制网的建立步骤:设计—选点埋石—观测—平差计算。

2. 导线测量

导线测量分为外业和内业两部分工作。其外业工作主要有踏勘选点、测角、测边及导线定向。内业工作主要包括角度闭合差计算与调整、坐标方位角的推算、坐标增量计算、坐标增量闭合差的计算与调整、各点坐标推算。角度闭合差的调整原则是将闭合差反向平均分配到各观测角上,而坐标增量闭合差调整原则是将闭合差反向按各边长度成比例分配到各坐标增量上。导线计算的各个步骤之间相互联系,后一步以上一步计算结果为条件。因此各步计算要严格校核,以保证最后成果的正确无误。

3. 测角交会定点

测角交会定点主要有前方交会和后方交会。要求掌握测量的步骤及计算的方法。

4. 高程控制测量

在地形测图和施工测量中多采用三、四等水准测量作为首级高程控制,而三角高程测量是在山区进行高程控制广泛采用的方法,要求掌握它们的原理和观测方法。

复习思考题

1. 试绘图说明导线的布设形式。

2. 导线外业工作包括哪些内容？选择导线点时应注意哪些问题？

3. 附合导线计算与闭合导线计算有哪些不同点？

4. 支导线在使用时为何要受限制？怎样限制？

5. 在没有高级控制点连接的情况下，采用哪种导线形式较好，为什么？

6. 角度闭合差在什么条件下进行调整？调整的原则是什么？

7. 坐标增量闭合差在什么条件下进行调整？调整的原则是什么？

复习测试题

1. 在闭合导线中，为什么同时为正号的角度闭合差，左角和右角改正数的符号却不相同？

2. 计算闭合导线时，公式中 n 为实测角度的个数，而在附合导线中为什么有时则不是？

3. 在等级水准测量中，要求在一个测站上不用两次对光（调焦），这样做是什么原因？

4. 已知 A 点坐标为：$x_A = 2\ 736.85$ m，$y_A = 1\ 677.28$ m；AB 的水平距离、坐标方位角为：$D_{AB} = 125.66$ m，$\alpha_{AB} = 172°08'24''$，求：$B$ 点坐标（x_B, y_B）。

5. 已知 $\alpha_{PQ} = 120°15'24''$，$P$ 点坐标为（243,461），A 点坐标为（213,431）。P、Q 为控制点，欲用极坐标法测设点 A。①计算测设所需数据；②叙述测设步骤。（单位：m）

6. 某闭合导线，其横坐标增量总和为 -0.35 m，纵坐标增量总和为 $+0.46$ m，如果导线总长度为 $1\ 216.38$ m，试计算导线全长相对闭合差和边长每 100 m 的坐标增量改正数？

7. 已知四边形闭合导线内角的观测值见表 7.14，在表中计算：角度闭合差；改正后角度值；推算出各边的坐标方位角。

表 7.14   角度计算表（测试题 7）

点号	角度观测值（右角） （°　′　″）	改正数 （″）	改正后角值 （°　′　″）	坐标方位角 （°　′　″）
1	112　15　23		123　10　21	
2	67　14　12			
3	54　15　20			
4	126　15　25			
Σ				

$$\Sigma\beta= \qquad\qquad f_D =$$

8. 一对双面水准尺的红、黑面的零点差分别是多少？

9. 简述三、四等水准测量在一测站上测定两点高差的观测步骤。

10. 闭合导线的测量数据见表 7.15，试计算该闭合导线的角度闭合差及坐标增量闭合差，并计算各点坐标。

表 7.15 闭合导线计算表(测试题 10)

点号	观测角 （右角）	改正 数	改正角	方位角 α	距离 D	坐标增量/改正数		改正后增量		坐标	
						Δx	Δy	$\Delta x_改$	$\Delta y_改$	x	y
1	2	3	4	5	6	7	8	9	10	11	12
B										647.76	428.55
				346°02′48″	119.50						
1	89°30′06″				163.35						
2	81°43′20″				120.75						
3	98°16′30″				144.96						
B	90°29′54″			346°02′48″						647.76	428.55
1											
∑											
辅助计算											

11. 附合导线的测量数据见表 7.16，试计算该附合导线的角度闭合差及坐标增量闭合差，并计算各点坐标。

表 7.16 附合导线计算表(测试题 11)

点号	观测角 （右角）	改正 数	改正 角	方位角 α	距离 D	坐标增量/改正数		改正后增量		坐标	
						Δx	Δy	$\Delta x_改$	$\Delta y_改$	x	y
1	2	3	4	5	6	7	8	9	10	11	12
A											
B	114°17′00″			224°03′00″						640.93	1068.44
1	146°59′30″				82.17						
2	135°11′30″				77.28						
3	145°38′30″				89.64						
C	158°00′00″				79.84						589.96	1307.87
D				24°09′00″							
∑											
辅助计算											

第8章　地形图测量

大比例尺地形图具有丰富的信息量,在工程建设中有着广泛的应用。它是如何生成的? 在工程建设中有什么用途? 本章将详细介绍大比例尺地形图测绘的基本知识及其应用。随着信息化测量仪器全站仪及 RTK 技术的广泛应用,测图技术得到了充分的发展,从模拟测图变革为数字测图,本章将对这种方法进行详细介绍。

8.1　地形图基本知识

41. 地形图基本知识

8.1.1　地形图基本知识

地面上的各种固定物体,如房屋、道路和农田等称为地物;地面的高低起伏形态,如高山、丘陵、洼地等称为地貌。地物和地貌总称为地形。通过野外实地测绘,将地面上各种地物的平面位置按一定比例尺,用规定的符号缩绘在图纸上,并注有代表性的高程点,这种图称为平面图;如果既表示出各种地物,又用等高线表示出地貌的图,称为地形图。

8.1.2　比例尺

地形图上一段直线的长度与地面上相应线段的实际水平长度之比,称为地形图的比例尺。

1. 比例尺的种类

(1)数字比例尺

数字比例尺一般取分子为1,分母为整数的分数表示。设图上某一直线长度为 d,相应实地的水平长度为 D,则图的比例尺为

$$\frac{d}{D} = \frac{1}{\dfrac{D}{d}} = \frac{1}{M} \tag{8.1}$$

式中　M——比例尺分母。分母越大(分数值越小),则比例尺就越小。

为了满足经济建设和国防建设的需要,测绘并编制了各种不同比例尺的地形图。通常称1:100 万、1:50 万、1:20 万为小比例尺地形图;1:5 万、1:2.5 万、1:1万为中比例尺地形图;1:5 000、1:2 000、1:1 000 和 1:500 为大比例尺地形图。

(2)图示比例尺

为了用图方便,以及减小由于图纸伸缩而引起的使用中的误差,在绘制地形图时,常在图上绘制图示比例尺,最常见的图示比例尺为直线比例尺。

图 8.1 为 1:500 的直线比例尺,取 2 cm 为基本单位,从直线比例尺上可直接读得基本单位的 1/10,估读到 1/100。

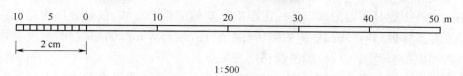

1:500

图 8.1　1:500 直线比例尺

2. 比例尺精度

人们用肉眼能分辨的图上最小距离为 0.1 mm,因此一般在图上量度或者实地测图描绘时,就只能达到图上 0.1 mm 的精确性。因此把图上 0.1 mm 所表示的实地水平长度称为比例尺精度。可以看出,比例尺越大,其比例尺精度也越高。

不同比例尺的比例尺精度见表 8.1。

表 8.1　比例尺精度

比例尺	1:500	1:1 000	1:2 000	1:5 000	1:10 000
比例尺精度/m	0.05	0.1	0.2	0.5	1.0

职业贴士

比例尺精度的概念,对测图和设计用图都有重要的意义。例如在测 1:500 图时,实地量距只需取到 5 cm,因为若量得再精细,在图上也是无法表示出来的。

当设计规定需在图上能量出的最短长度时,根据比例尺的精度,可以确定测图比例尺。例如某项工程建设,要求在图上能反映地面上 10 cm 的精度,则采用的比例尺不得小于 $\dfrac{0.1\ \text{mm}}{0.1}=\dfrac{1}{1\ 000}$。

从表 8.1 可以看出,比例尺越大,表示地物和地貌的情况越详细,但是一幅图所能包含的地面面积也越小,而且测绘工作量会成倍地增加。因此,采用何种比例尺测图,应从工程规划、施工实际情况需要的精度出发,不应盲目追求更大比例尺的地形图。

8.1.3　地形图图廓

为了图纸管理和使用的方便,在地形图的图框外有许多注记,如图号、图名、接图表、图廓、坐标格网、三北方向线等,如图 8.2 所示为大比例尺地形图。

1. 图名和图号

图名就是本幅图的名称,常用本图幅内最著名的地名、村庄或厂矿企业的名称来命名。图号即图的编号,每幅图上标注编号可确定本幅地形图所在的位置。图名和图号标在北图廓上方的中央。

2. 接图表

说明本图幅与相邻图幅的关系,供索取相邻图幅时使用。通常是中间一格画有斜线的代表本图幅,四邻分别注明相应的图号或图名,并绘注在图廓的左上方。此外,除了接图表外,有些地形图还把相邻图幅的图号分别注在东、西、南、北图廓线中间,进一步表明与四邻图幅的相互关系。

3. 图廓和坐标格网线

图廓是图幅四周的范围线,它有内图廓和外图廓之分。内图廓是地形图分幅时的坐标格网或经纬线。外图廓是距内图廓以外一定距离绘制的加粗平行线，仅起装饰作用。在内图廓外四角处注有坐标值，并在内图廓线内侧，每隔 10 cm 绘有 5 mm 的短线，表示坐标格网线的位置。在图幅内绘有每隔 10 cm 的坐标格网交叉点。

　　小比例尺地形图图廓内容较为复杂，如图 8.3 所示。内图廓以内的内容是地形图的主体信息，包括坐标格网或经纬网、地物符号、地貌符号和注记。比例尺大于 1∶10 万只绘制坐标格网，如图 8.2 所示。

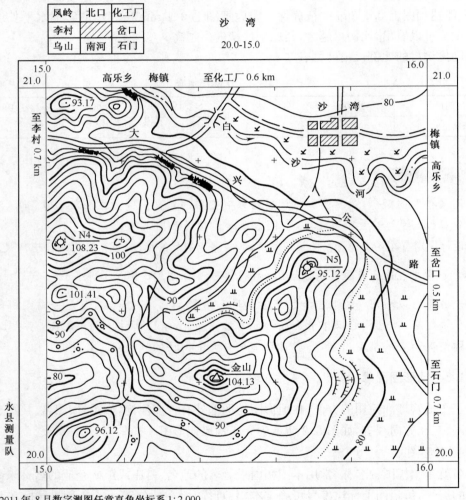

2011 年 8 月数字测图任意直角坐标系 1∶2 000
1985 年国家高程基准等高距为 2 m
2007 年版图式

图 8.2　地形图

　　外图廓以外的内容是为了充分反映地形图特性和用图的方便而布置在外图廓以外的各种说明、注记，统称为说明资料。在外图廓以外，还有一些内容，如图示比例尺、三北方向、坡度尺等，是为了便于在地形图上进行量算而设置的各种图解，称为量图图解。

　　在内、外图廓间注记坐标格网线的坐标，或图廓角点的经纬度。

　　在内图廓和分度带之间的注记为高斯平面直角坐标系的坐标值（以千米为单位），由此形成该平面直角坐标系的千米格网。

在图 8.3 中,直角坐标格网左起第二条纵线的纵坐标为 22 482 km。其中 22 是该图所在投影带的带号,该格网线实际上与 z 轴相距 482 km－500 km＝－18 km,即位于中央子午线以西 18 km 处。该图中,南边的第一条横向格网线的 x＝5 189 km,表示位于赤道(y 轴)以北 5 189 km。

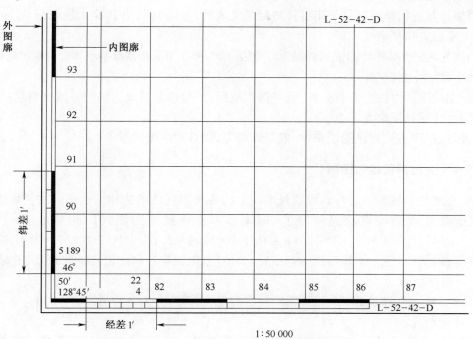

图 8.3　图廓及坐标格网

4. 三北方向线及坡度尺

在中、小比例尺的南图廓线的右下方,还绘有真子午线、磁子午线和坐标纵轴(中央子午线)3 个方向之间的角度关系,称为三北方向图,如图 8.4 所示。该图中,磁偏角为 9°50′(西偏),坐标纵轴对真子午线的子午线收敛角为 0°05′(西偏)。利用该关系图,可对图中任一方向的真方位角、磁方位角和坐标方位角三者间作相互换算。

用于在地形图上量测坡度的图解是坡度尺,绘在南图廓外直线比例尺的左边。坡度尺的水平底线下边注有两行数字,上行是用坡度角表示的坡度,下行是对应的倾斜百分率表示的坡度,即坡度角的正切函数值,如图 8.5 所示。

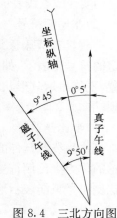

图 8.4　三北方向图

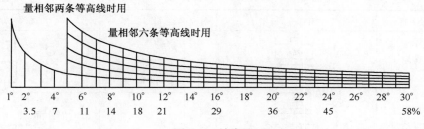

图 8.5　坡度尺

5. 投影方式、坐标系统、高程系统

每幅地形图测绘完成后，都要在图上标注本图的投影方式、坐标系统和高程系统，以备日后使用时参考。

（1）地形图都是采用正投影的方式完成的。

（2）坐标系统指该幅图是采用哪种坐标系完成的，包括 1980 年国家大地坐标系、城市坐标系和独立平面直角坐标系 3 种。

（3）高程系统指本图所采用的高程基准。包括 1985 年国家高程基准系统和设置相对高程两种。

6. 成图方法

地形图成图的方法主要有 3 种：航空摄影成图、平板仪测量成图和野外数字测量成图。成图方法应标注在外图廓左下方。

此外，地形图还应标注测绘单位、成图日期等，供日后用图时参考。

8.1.4　大比例尺地形图图示

地形是地物和地貌的总称。地物是地面上的各种固定性的物体。由于其种类繁多，国家国家质量监督检验检疫总局颁发了《国家基本比例尺地图图式》（包括 4 部分，GB/T 20257.1—2017、GB/T 20257.2—2017、GB/T 20257.3—2017、GB/T 20257.4—2017）（以下简称《地形图图式》）统一了地形图的规格要求、地物、地貌符号和注记，供测图和识图时使用。

1. 地物符号

1:500、1:1 000 和 1:2 000 地形图所规定的地物符号，分为 3 种类型。

（1）比例符号

能将地物的形状、大小和位置按比例尺缩小绘在图上以表达轮廓特征的符号。这类符号一般是用实线或点线表示其外围轮廓，如表 8.2 中 1～12 表示的房屋、台阶和花圃、草地的范围等。

（2）非比例符号

一些具有特殊意义的地物，轮廓较小，不能按比例尺缩小绘在图上时，就采用统一尺寸，用规定的符号来表示，如三角点、水准点、烟囱、消火栓等。这类符号在图上只能表示地物的中心位置，不能表示其形状和大小。如表 8.2 中 29～55 均为非比例符号。无专门说明的符号，均以顶端向北、垂直于南图廓线绘制；具有走向性的符号，如井口、窑洞等按其真实方向表示。

（3）半比例符号

一些呈线状延伸的地物，其长度能按比例缩绘，而宽度不能按比例缩绘，需用一定的符号表示的称为半比例符号，也称线状符号，如铁路、公路、围墙、通信线等，如表 8.2 中从 13～28。半比例符号只能表示地物的位置（符号的中心线）和长度，不能表示宽度。

表 8.2　地物符号

编号	符号名称	图　　例	编号	符号名称	图　　例
1	普通房屋 ①一般房屋 ②栅房 ③廊房 ④架空房屋 混—房屋结构 3—层次	① 混3 ② 45° ⋮1.6 ③ 混凝土3 ⋮1.0 ④ 混凝土4　混凝土　混凝土4	2	窑洞 ①住人的 ②在下的	① |∩| ② 厂
			3	台阶	0.6 ⋮⋮⋮ 1.0　⋮⋮⋮1.0

编号	符号名称	图　例	编号	符号名称	图　例
4	过街天桥		15	电线架	
5	过街地道		16	电杆上变压器	
6	稻田		17	通信线	
7	果园	梨	18	栅栏、栏杆	
8	人工草地		19	城墙 ①城门 ②豁口	
9	菜地		20	城墙 ①依比例 ②不依比例	
10	橡胶园		21	篱笆	
11	灌木林		22	高速公路 a 收费站 0 等级代码	
12	竹林		23	等级公路 2—等级 （G 301）—国道 编号	2(G 301)
13	高压线		24	大车路、机耕道	
14	低压线		25	乡村路	

编号	符号名称	图例	编号	符号名称	图例
26	小路	— — 4.0 1.0 — —0.3	35	矿井井口	⊗
27	水闸	5-混凝土 / 82.4	36	盐井	3.6 / 1.6
28	一般沟渠 单层堤沟渠 双层堤沟渠 沟堑沟渠	0.3 / 73.2 / 1.2	37	起重机	3.6 60°
28			38	水塔	2.0 / 1.0 3.6 / 1.0
29	三角点 凤凰山—点名 394.468—高程	△ 凤凰山 / 394.468 3.0	39	水塔烟囱	0.6 3.6 / 1.0
30	小三角点 横山—点名 95.93—高程	3.0 ▽ 横山 / 95.93	40	蒙古包	3.6 1.8 / 3.6 1.8
31	导线点 Ⅰ16—等级、点号 84.46—高程	2.0 □ Ⅰ16 / 84.46	41	教堂	3.0 / 1.6
32	埋石图根点 16—点号 84.46—高程	1.6 ◇ 16 / 84.46 2.6	42	露天设备	1.0 2.0 / 2.0
33	水准点 Ⅱ京5—等级、点名、点号 32.804—高程	2.0 ⊗ Ⅱ京石5 / 32.804	43	液体、气体储存设备	2.0 ● 煤气
34	GPS控制点 B14—级别、点号 495.267—高程	△ B14 / 495.267 3.0	44	水轮泵、抽水机站	2.0 / 1.6

续上表

编号	符号名称	图 例	编号	符号名称	图 例
45	雷达站	1.6　2.0　2.0	53	独立坟	2.0　2.6
46	气象站	3.0　3.6　1.0	54	阔叶独立树	1.6　2.0　3.0　1.0
47	环保监测站	2.6　1.6　3.6　1.6	55	针叶独立树	1.6　3.0　1.0
48	加油站	1.6　3.6　1.0	56	等高线 ①首曲线 ②计曲线 ③间曲线	① 0.15 ② 0.3 ③ 1.0　6.0　0.15
49	路灯	2.0　1.6　4.0　1.0	57	等高线注记	25
50	喷水池	1.0　3.6	58	示坡线	0.8
51	亭	3.0　1.6　3.0　1.6	59	高程点注记 ①一般高程点 ②独立地物高程	① 0.5····163.2　② 75.4
52	电视发射塔	2.0　1.6	60	崩崖 ①沙、土质的 ②石质	①　②

　　有些地物除用相应的符号表示外,对于地物的性质、名称等还需要用文字或数字加以注记和说明,称为地物注记,例如工厂、村庄的名称,房屋的层数,河流的名称、流向、深度,控制点的点号、高程等。

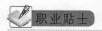

　　比例符号与半比钢符号的使用界限是相对的。如公路、铁路等地物,在1:500~1:2 000

比例尺地形图上是用比例符号绘出的,但在1:500比例尺以上的地形图上是按半比例符号绘出的。同样的情况也出现在心御符号与非比例符号与非比例符号之间。总之,测图比例尺越大,用比例符号描绘的地物越多;比例尺越小,用非比例符号表示的地物越多。

2. 地貌符号

地貌是指地面高低起伏的自然形态。地貌形态多种多样,对于一个地区可按其起伏的变化分成以下4种地形类型。

(1)平地:地势起伏小,地面倾斜角一般在3°以下,比高一般不超过200 m。

(2)丘陵地:地面高低变化大,倾斜角一般在3°～10°,比高不超过150 m。

(3)山地:高低变化悬殊,倾斜角一般为10°～25°,比高一般在150 m以上。

(4)高山地:绝大多数倾斜角超过25°。

图上表示地貌的方法有多种,对于大、中比例尺地形图主要采用等高线法。对于特殊地貌将采用特殊符号表示。

1)等高线

(1)等高线是地面上相同高程的相邻各点连成的闭合曲线,也就是设想水准面与地表面相交形成的闭合曲线。

如图8.6所示,设想有一座高出水面的小山,与某一静止的水面相交形成的水涯线为一闭合曲线,曲线的形状随小山与水面相交的位置而定,曲线上各点的高程相等。例如,当水面高为80 m时,曲线上任一点的高程均为80 m;若水位继续升高至81 m、82 m,则水涯线的高程分别为81 m、82 m。将这些水涯线垂直投影到水平面 H 上,并按一定的比例尺缩绘在图纸上,这就将小山用等高线表示在地形图上了。这些等高线的形状和高程,客观地显示了小山的空间形态。

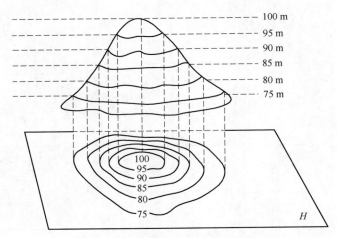

图8.6　等高线的概念

(2)等高线的特征:通过研究等高线表示地貌的规律性,可以归纳出等高线的特征,它对于地貌的测绘和等高线的勾画,以及正确使用地形图都有很大帮助。

①同一条等高线上各点的高程相等。

②等高线是闭合曲线,不能中断,如果不在同一幅图内闭合,则必定在相邻的其他图幅内闭合。

③等高线只有在绝壁或悬崖处才会重合或相交。

④等高线经过山脊或山谷时改变方向,因此山脊线与山谷线应和改变方向处的等高线的切线垂直相交,如图 8.7 所示。

⑤在同一幅地形图上,等高线间隔是相同的。因此,等高线平距大表示地面坡度小;等高线平距小则表示地面坡度大;平距相等则坡度相同。倾斜平面的等高线是一组间距相等且平行的直线。

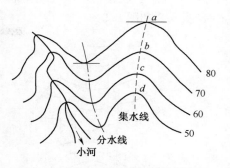

图 8.7　山脊线、山谷线与等高线关系

(3)等高线的分类:地形图中的等高线主要有首曲线和计曲线,有时也用间曲线和助曲线。

①首曲线:首曲线也称基本等高线,是指从高程基准面起算,按规定的基本等高距描绘的等高线称首曲线,用宽度为 0.15 mm 的细实线表示。

②计曲线:计曲线从高程基准面起算,每隔 4 条基本等高线有一条加粗的等高线,为了读图方便,计曲线上也注出高程。

③间曲线和助曲线:当基本等高线不足以显示局部地貌特征时,按二分之一基本等高距所加绘的等高线,称为间曲线(又称半距等高线),用长虚线表示。按四分之一基本等高距所加绘的等高线,称为助曲线,用短虚线表示。描绘时均可不闭合。

2)等高距与等高平距

相邻等高线之间的高差称为等高距或等高线间隔,常以 A 表示。在同一幅地形图上,等高距是相同的。相邻等高线之间的水平距离称为等高线平距,常以 d 表示。由于同一幅地形图中等高距是相同的,所以等高线平距 d 的大小与地面的坡度有关。等高线平距越小,地面坡度越大;平距越大,则坡度越小;平距相等,则坡度相同。由此可见,根据地形图上等高线的疏、密可判定地面坡度的缓、陡。

等高距的选择,应该根据地形类型和比例尺大小,并按照相应的规范执行。表 8.3 是大比例尺地形图的基本等高距参考值。

表 8.3　大比例尺地形图的基本等高距

比例尺	平地(m)	丘陵地(m)	山地(m)	比例尺	平地(m)	丘陵地(m)	山地(m)
1:500	0.5	0.5	1	1:2 000	1	2	2
1:1 000	0.5	1	1	1:5 000	2	5	5

3)典型地貌的等高线

地貌形态繁多,通过仔细研究和分析就会发现它们是由几种典型的地貌综合而成。了解和熟悉用等高线表示典型地貌的特征,有助于识读、应用和测绘地形图。

(1)山头和洼地:图 8.8 所示为山头的等高线,图 8.9 所示为洼地的等高线。

山头与洼地的等高线都是一组闭合曲线,但它们的高程注记不同。内圈等高线的高程注记大于外圈者为山头;反之,小于外圈者为洼地。

也可以用示坡线表示山头或洼地。示坡线是垂直于等高线的短线，用以指示坡度下降的方向（图 8.8 和图 8.9）。

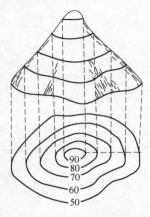

图 8.8　山头等高线

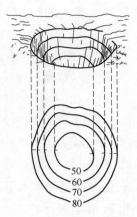

图 8.9　洼地等高线

（2）山脊和山谷：山的最高部分为山顶，有尖顶、圆顶、平顶等形态，尖峭的山顶称为山峰。山顶向一个方向延伸的凸棱部分称为山脊。山脊的最高点连线称为山脊线。山脊等高线表现为一组凸向低处的曲线（图 8.10）。

相邻山脊之间的凹部是山谷。山谷中最低点的连线称为山谷线，如图 8.11 所示，山谷等高线表现为一组凸向高处的曲线。

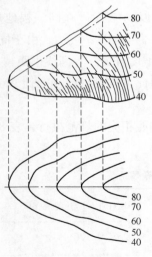

图 8.10　山脊等高线

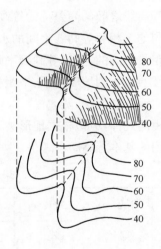

图 8.11　山谷等高线

在山脊上，雨水会以山脊线为分界线而流向山脊的两侧，所以山脊线又称为分水线。在山谷中，雨水由两侧山坡汇集到谷底，然后沿山谷线流出，所以山谷线又称为集水线（图 8.11）。山脊线和山谷线合称为地性线。

（3）鞍部：鞍部是相邻两山头之间呈马鞍形的低凹部位（图 8.12 中的 S 处）。它的左右两侧的等高线是对称的两组山脊线和两组山谷线。鞍部等高线的特点是在一圈大的闭合曲线内，套有两组小的闭合曲线。

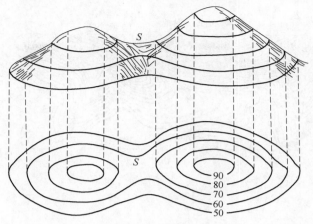

图 8.12　鞍部

　　(4)陡崖和悬崖:陡崖是坡度在 80° 以上或为 90° 的陡峭崖壁,若用等高线表示将非常密集或重合为一条线,因此采用陡崖符号来表示,如图 8.13(a)和图 8.13(b)所示。悬崖是上部突出、下部凹进的陡崖。上部的等高线投影到水平面时,与下部的等高线相交,下部凹进的等高线用虚线表示,如图 8.13(c)所示。

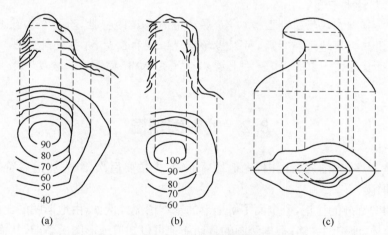

(a)　　　　　　　　(b)　　　　　　　　(c)

图 8.13　陡崖和悬崖

识别上述典型地貌的等高线表示方法以后,进而能够认识地形图上用等高线表示的复杂地貌。图 8.14 为某一地区综合地貌,可将两图参照阅读。

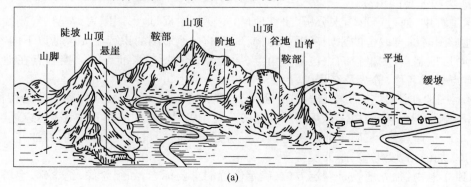

(a)

图　8.14

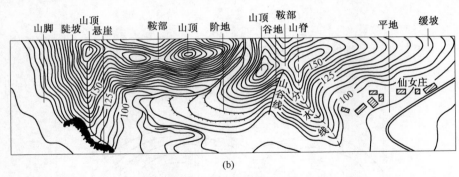

图 8.14　某地区综合地貌

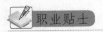

(1)在比例尺的选择上,工程类各专业通常使用大比例尺地形图。

(2)对于同一比例尺测图,选择等高距过小,会成倍地增加测绘工作量。对于山区,有会因等高线过密而影响地形图的清晰。

(3)地形图具有可量性、可定向性、综合性、易读性等特点,掌握住这些特点便于工程术人员对地形图进行识读和应用。

(4)等高线一般应在现场边测图边勾绘,要运用等高线的特性,至少应勾绘出计曲线控等高线的走向,以便与实地地形相对照,可以当场发现错误和遗漏,并能及时纠正。

(5)坡度有正负号,"+"(正号)表示上坡;"—"(负号)表示下坡。坡度一般用千分率或百分率表示。

8.2　地形图识图

地形图识读次序:先图外后图内,先地物后地貌,先主要后次要,先注记后符号。

1. 注记的识读

根据地形图图廓外的注记,可全面了解地形的基本情况。例如,由地形图的比例尺可以知道该地形图反映地物、地貌的详略;根据测图的日期注记可以知道地形图的新旧,从而判断地物、地貌的变化程度;从图廓坐标可以掌握图幅的范围;通过接图表可以了解与相邻图幅的关系。

了解地形图的坐标系统、高程系统、等高距等,对正确用图有很重要的作用。

2. 地物和地貌的识读

土木工程中,通过地形图来分析、研究地形,主要是根据《地形图图式》符号、等高线的性质和测绘地形图时综合取舍的原则来识读地物、地貌的。地形图的识读主要包括以下内容。

(1)测量控制点:测量控制点包括三角点、导线点、图根点、水准点等。控制点在地形图上一般注有点号或名称、等级及高程。

(2)居民地:居民地包括居住房屋、寺庙、纪念碑、学校、运动场等。房屋建筑分为特种房屋、坚固房屋、普通房屋、简单房屋、破坏房屋和棚房 6 类。房屋符号中注写的数字表示建筑层数。

(3)工矿企业建筑:工矿企业建筑是国民经济建设的重要设施,包括矿井、石油井、探井、吊车、燃料库、加油站、变电室、露天设备等。

(4)独立地物:独立地物是判定方位、确定位置的重要标志,如纪念像、纪念碑、宝塔、亭、庙宇、水塔、烟囱等。

（5）道路：道路包括公路及铁路、车站、路标、桥梁、天桥、高架桥、涵洞、隧道等。

（6）管线和垣栅：管线主要包括各种电力线、通信线以及地上、地下的各种管道、检修井、阀门等。垣栅是指长城、砖石城墙、围墙、栅栏、篱笆、铁丝网等。

（7）水系及其附属建筑：水系及其附属建筑包括河流、水库、沟渠、湖泊、岸滩、防洪墙、渡口、桥梁、拦水坝、码头等。

（8）境界：境界包括国界、省界、县界、乡界。

（9）地貌及土质：地貌和土质是土木工程建设进行勘测、规划、设计的基本依据之一。地貌主要根据等高线进行阅读，由等高线的疏密程度及其变化情况来分辨地面坡度的变化，根据等高线的形状识别山头、山脊、山谷、盆地和鞍部，还应熟悉特殊地貌，如陡崖、冲沟、陡石山等的表示方法，从而对整个地貌特征作出分析评价。土质主要包括沙地、戈壁滩、石块地、龟裂地等。

（10）植被：植被是指覆盖在地表上的各种植物的总称。在地形图上表示出植物分布、类别特征、面积大小，包括树林、竹林、草地、经济林、耕地等。

地形图的识读，可根据上述十方面的内容分类研究地物、地貌特征，进行综合分析，从而对地形图表示的地物、地貌有全面、正确的了解。地形图如图 8.15 所示。

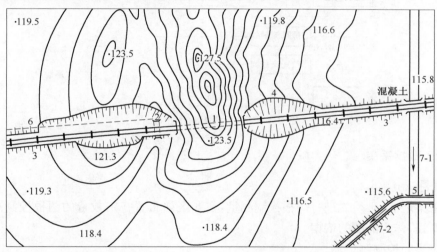

1—隧道；2—涵洞；3—路堤；4—路堑；5—输水槽；6—排水沟；7-1—无堤的水渠；7-2—有堤的水渠。

图 8.15　道路工程地形图

1:1 000

8.3　大比例尺数字地形图测绘

42. 地形图测绘

地形图测绘指的是测绘地形图的作业。即对地球表面的地物、地形在水平面上的投影位置和高程进行测定，并按一定比例缩小，用符号和注记绘制成地形图的工作。

数字化测图的基本原理是采集地面上的地形、地物要素的三维坐标以及描述其性质与相互关系的信息，然后录入计算机，借助于计算机绘图系统处理、显示、输出地形图。

数字化测图的特点：测图用图自动化、图形数字化、点位精度高。另外，数字化测图还具有便于成果更新、避免因图纸伸缩带来的各种误差、能以各种形式输出成果、方便成果深加工利用等特点。

8.3.1　数字化测图原理与特点

全站仪法数字测图工作流程可以分为 3 个阶段：数据采集、数据处理和图形输出，如图 8.16 所示。

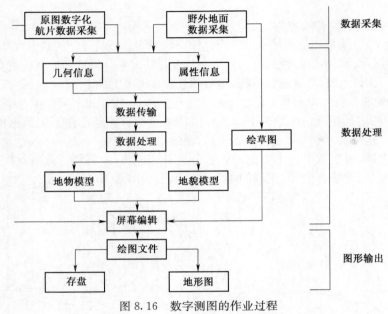

图 8.16　数字测图的作业过程

8.3.2　数据采集

1. 图根控制测量

数据采集之前，必须先进行图根控制测量，在测区内布置一定数量的图根控制点，测出平面坐标和高程，作为测图的依据。

测量方法同控制测量。

2. 碎部测量

完成图根控制测量后，即可进行外业数据采集工作，即以图根点为测站，测定出测站周围碎部点的平面位置和高程，并记录其连接关系及属性。

（1）测站设置与检核

碎部测量时，首先要对全站仪进行测站的设置，即首先要输入测站点号、后视点点号坐标、仪器高。接着选择定向点，输入定向点点号坐标或定向方位角，照准好后完成定向。然后选择一个已知点（或已测点）进行检核，输入检核点点号坐标，照准后进行测量。测完之后将显示 x、y、H 的差值，如果不通过检核则不能继续测量。检核定向是一项十分重要的工作，切不可忽视。

（2）碎部点测量

碎部测量就是测定碎部点的平面位置和高程。地形图的质量在很大程度上取决于立尺员能否正确合理地选择碎部点。碎部点应选在地物或地貌的特征点上，如图 8.17 所示。地物特征点就是地物轮廓的转折、交叉和弯曲等变化处的点及独立地物的中心点。地貌特征点就是控制地形的山脊线、山谷线和倾斜变化线等地形线上的最高、最低点，坡度和方向变化处，以及山头和鞍部等处的点。碎部点的密度主要根据地形的复杂程度确定，也决定于测图比例尺和测图的目的。测绘不同比例尺的地形图,对碎部点间距有不同的限定,对碎部点距测站的最远距离也有不同的限定。表 8.4 和表 8.5 给出了地形测绘采用视距测量方法测量距离时的地形点最大间距和最大视距的允许值。

图 8.17　碎部点的选择示意图

表 8.4　地形点最大间距和最大视距(一般地区)

测图比例尺	地形点最大距离（m）	最大视距(m)	
		主要地物特征点	次要地物特征点和地形点
1∶500	15	60	100
1∶2 000	30	100	150
1∶3 000	50	130	250
1∶5 000	100	300	350

表 8.5　地形点最大间距和最大视距(城镇建筑区)

测图比例尺	地形点最大距离（m）	最大视距(m)	
		主要地物特征点	次要地物特征点和地形点
1∶500	15	50	80
1∶1 000	30	80	120
1∶2 000	50	120	200

一般规定,主要建筑物轮廓线的凹凸长度在图上大于 0.4 mm 时,都要表示出来。如在 1∶500 比例尺的地形图上,主要地物轮廓凹凸大于 0.2 m 时应在图上表示出来。对于大比例尺测图,应按如下原则进行取点。

①有些房屋凹凸转折较多时,可只测定其主要转折角(大于 2 个),取得有关长度,然后按其几何关系用推平行线法画出其轮廓线。

②对于圆形建筑物可测定其中心并量其半径绘图;或在其外廓测定 3 点,然后用作图法定出圆心,绘出外廓。

③公路在图上应按实测两侧边线绘出:大路或小路可只测其一侧的边线,另一侧按量得的路宽绘出。

④道路转折点处的圆曲线边线应至少测定 3 点(起、终和中点)绘出。

⑤围墙应实测其特征点,按半比例符号绘出其外围的实际位置。

　　全站仪测记法数字测图的碎部点测量通常采用极坐标法进行碎部测量，并记录全部测点信息。当在测量碎部点并不关心碎部点点号时，或者碎部点点号没有特定要求时，可以选择点号自动累计方式，这样可以避免同一数据中出现重复点号；当不能采用自动累计方式时，可以采用点号手工输入方式。

　　当采用测记模式进行外业测量时，必须绘制标注测点点号的人工草图，到室内将测量数据直接由记录器传输到计算机，再由人工按草图编辑图形文件。当采用电子平板测绘模式时，可以进行现场实时成图和图形编辑、修正，保证全站仪测记法数字测图外业测绘的正确性，到内业仅做一些整饰和修改后，即可绘图输出。

8.3.3　数据处理

　　数据处理是全站仪测记法数字测图系统中的一个非常重要的环节。现在应用于地形图测绘方面的成图软件也很多，现以 CASS8.0 地形成图软件为例说明其在全站仪测记法数字测图中的应用。

43. 数字测图—　　44. 数字测图—
采集数据　　　　数据处理

　　CASS8.0 地形成图软件是基于 AutoCAD 平台技术的 GIS 前端数据处理系统，广泛应用于地形成图、地籍成图、工程测量应用、空间数据建库领域，面向 GIS，彻底打通了数字成图与GIS 接口，并使用骨架线实时编辑、简码用户化、GIS 无缝接口等先进技术。

　　用 CASS8.0 地形成图软件绘制地形图步骤分述如下。

　　（1）展点，依次选择"绘图处理"（图 8.18）→"展野外测点点号"选项，提示输比例尺，输入比例尺分母，按对话框提示，找到需要展点的数据文件名（从野外采集生成过来的 DAT 数据文件），单击"打开"按钮，就自动在屏幕上将点号展出。

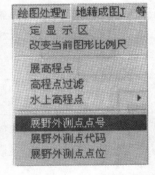

图 8.18　"绘图处理"
下拉菜单

　　（2）对照草图，根据软件右边的屏幕菜单（图示符号屏幕菜单），将图上地物逐一画出来，绘制的时候注意有点状符号的画法，线状地物和面状地物按命令栏提示有多种操作技巧，以及是否封闭和拟合。草图要绘制清晰，绘制图形时就会省力。

　　（3）地物绘制完毕后，依次选择"编辑"→"删除"→"删除实体所在图层"命令，按提示选择图上点号中的任意一个，可删除点号（无地物画的话直接到下一步）。

　　（4）展高程点：依次选择"绘图处理"→"展高程点"选项，按提示找到要展高程的数据文件（从野外采集过来的 DAT 数据文件），单击"打开"按钮，按【Enter】键，就自动展高程点。

　　（5）如果要过滤高程点，可用"绘图处理"→"高程点过滤"选项的方法过滤，但是要记得既要过滤高程值数据一定范围的点，也要选择"依距离过滤"选项，把点处理稀点。

　　（6）画等高线："等高线"→"建立 DTM"选项，系统弹出对话框，选择建立 DTM 的方式（由数据文件建立），找到要建立 DTM 的数据文件，单击选择数据文件，单击"确定"按钮，自动建立 DTM，用户可根据实际情况增减 DTM 三角形，在等高线菜单中详细操作。

　　（7）绘制等高线："等高线"→"绘制等高线"选项，弹出对话框，输入等高距，选择拟合方式，一般选"三次 B 样条拟合"，单击"确定"按钮，自动画等高线。

　　（8）删三角网："等高线"→"删三角网"选项，自动删除三角网。

　　（9）等高线注记：先按字头北方向由下往上画一条多义线（PL 命令是多义线命令），完成后,"等高线"──►"等高线注记"──►"沿直线高程注记"选项,系统提示选择,可选只处理计曲线,或处理所有等高线,选择后按系统提示选取刚才画的辅助直线,自动注记完成,按【Enter】键结束。

(10)等高线修剪:"等高线"──►"等高线修剪"选项,有两种方法,切除指定两线间等高线和切除指定区域内等高线。

(11)高程注记上的等高线的修剪:"等高线"──►"等高线修剪"──►"批量修剪等高线"选项,弹出一对话框,如图 8.19 所示,选择"手工选择"、"修剪"单选按钮,并在"高程注记"、"文字注记"复选框前打钩,其他不钩选,单击"确定"按钮。

按系统提示选择要修剪的注记(务必选注记文字本身),可拉框选择,按【Enter】键后自动剪断注记上的压线的等高线。

(12)加图框:"绘图处理"──►"标准图幅 50×50"选项或"标准图幅 50×40"选项。

如图 8.20 所示,输入"图名""测量信息""接图表"等信息,选"取整到米"或者"取整到十米",通过鼠标在屏幕上选择左下角坐标,"删除图框外实体"复选框可不打勾,完成了单击"确定"按钮,多试几次看大小是否合适,图框不够要分幅。

图 8.19　"等高线修剪"对话框

图 8.20　"图幅整饰"对话框

(13)分幅:"绘图处理"──►"批量分幅"──►"建立网格"选项,按提示选择图幅尺寸,输入测区左下角和右上角(鼠标点取);再"绘图处理"──►"批量分幅"──►"批量输出"选项,输入分幅图目录名(存放路径),单击"确定"按钮就自动分在指定目录里了。

8.3.4　图形输出

将绘制好的图形文件进行存盘或者直接打印。

打印:"文件"──►"绘图输出"──►"打印……"选项,操作同 CAD,不过在打印设置里,注意有个"打印比例"选项,选"自定义"选项,1 毫米 = 1 个图形单位,按公式计算图形比例尺是 1∶1 000 就在方框里输 1,同样图形比例尺 1∶500 就输 0.5。打黑白的要选:打印样式中的"monochrome. Ctb"。

8.4 地形图应用

8.4.1 地形图的基本应用

1. 确定图上某点的平面坐标、直线的长度、坐标方位角和坡度

(1)确定图上某点的平面坐标

点的坐标是根据地形图上标注的坐标格网的坐标值确定的。

如图 8.21 所示，欲求 A 点坐标，先将 A 点所在方格网 $abcd$ 用直线连接，过 A 点作格网线的平行线，交格网边于 p、f 点。再按测图比例尺量出 $ap = 84.3$ m，$af = 52.6$ m，则 A 点坐标为(图格坐标以千米为单位)：

$$x_A = x_a + ap = 20\ 100 + 84.3 = 20\ 184.3 (\text{km})$$

$$y_A = y_a + af = 10\ 200 + 53.6 = 10\ 252.6 (\text{km})$$

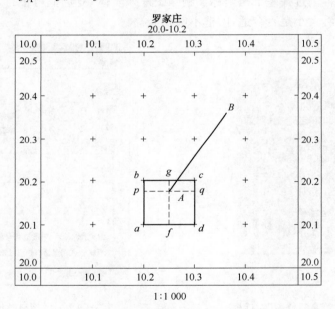

图 8.21 确定图上某点坐标

如考虑图纸变形，则 A 点坐标按式(8.2)计算。

$$x_A = x_a + \frac{10}{ab} \cdot ap \cdot M$$

$$y_A = y_a + \frac{10}{ab} \cdot af \cdot M$$

(8.2)

式中 ab，ab，ap，af ——图上量取的长度(cm)；

M ——比例尺分母；

x_a，y_a —— a 点坐标。

(2)确定图上直线的长度、坐标方位角和坡度

如图 8.21 所示，欲求 A、B 两点间的距离、坐标方位角及坡度，必须先求出 A、B 两点的坐标和高程，则 A、B 两点水平距离为

$$D_{AB} = \sqrt{(x_B - x_A)^2 + (y_B - y_A)^2}$$

(8.3)

AB 直线的坐标方位角为

$$\alpha_{AB} = \arctan \frac{y_B - y_A}{x_B - x_A} \tag{8.4}$$

AB 直线的平均坡度为

$$i = \frac{h}{D} = \frac{H_B - H_A}{Md} \tag{8.5}$$

式中　h —— A、B 两点间的高差;

　　　D —— A、B 两点间实地水平距离;

　　　d —— A、B 两点间在图上的距离;

　　　M —— 比例尺分母。

当 A、B 两点在同一幅图中时,可用比例尺或量角器,直接在图上量取距离或坐标方位角,但量得的结果比计算结果精度低。

2. 确定图上某点的高程

图上点的高程可通过等高线求得。若所求点恰好位于某等高线上,那么该点高程就等于该等高线的高程。

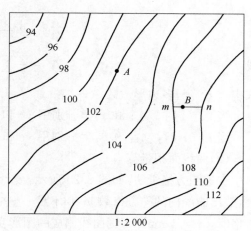

如图 8.22 所示,A 点高程为 102 m。若所求点在两等高线之间,如图 8.22 中的 B 点,可通过 B 点作一条大致垂直两相邻等高线的线段 mn,在图上量出 mn 和 mB 的长度,则 B 点的高程为

$$H_B = H_m + \frac{mB}{mn}h \tag{8.6}$$

式中　H_m —— m 点的高程(m);

　　　h —— 等高距(m)。

图 8.22　确定点的高程

实际求图上的某点高程时,一般都是目估 mB 与 mn 的比例来确定 B 点的高程。

3. 图形面积的量算

在地形图上量算面积的方法较多,应根据具体情况选择不同的方法。

(1)多边形面积量算

①几何图形法:可将多边形划分为若干个几何图形来计算。

如图 8.23 所示,将所求多边形 $ABCDEF$、的面积分解为 1、3、4、6 四个三角形和 2、5 两个梯形,求出各几何图形面积,其面积总和即为整个多边形的面积。

各三角形的面积可直接用比例尺量出 1、3、4、6 每个三角形底边长 c 及其高 h,按公式 $A = ch/2$ 计算得到。梯形的面积可直接用比例尺量出 2、5 每个梯形以上底边长 C_1,下底边长 C_2 及其高元,按公式 $A = (C_1 + C_2)h/2$ 计算得到。

②坐标计算法:多边形图形面积很大时,可在地形图上求出各顶点的坐标(或全站仪测得),直接用坐标计算面积。

如图 8.24 所示,将任意四边形各顶点按顺时针编号为 1、2、3、4,各点坐标分别为 (x_1, y_1)、(x_2, y_2)、(x_3, y_3)、(x_4, y_4)。四边形各顶点投影于 y 轴,则

$$A = \frac{1}{2}\left[y_1(x_4 - x_2) + y_2(x_1 - x_3) + y_3(x_2 - x_4) + y_4(x_3 - x_1) \right]$$

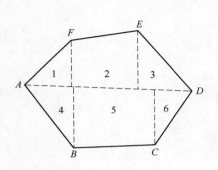

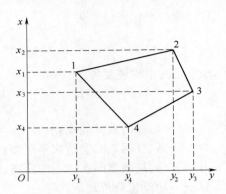

图 8.23　几何图形求面积　　　　图 8.24　坐标计算法求面积

若图形为 n 边形,则一般形式为

$$A = \frac{1}{2}\sum_{i=1}^{x} x_i(y_{i+1} - y_{i-1}) \tag{8.7}$$

或

$$A = \frac{1}{2}\sum_{i=1}^{x} y_i(x_{i+1} - x_{i-1}) \tag{8.8}$$

式中　n——多边形边数。

当 $i = 1$ 时，y_{i-1} 和 x_{i-1} 分别用 y_x 和 x_x 代入。

当 $i = n$ 时，y_{i+1} 和 x_{i+1} 分别用 y_1 和 x_1 代入。

（2）曲线面积量算

①透明方格纸法：如图 8.25 所示,要计算曲线内的面积,将一张透明方格纸覆盖在图形上,数出曲线内的整方格数 n_1 和不足一整格的方格数抱 n_2 设每个方格的面积为口（当为毫米方格时，$a = 1\ mm^2$）,则曲线围成的图形实地面积为

$$A = \left(n_1 + \frac{1}{2}n_2\right)aM^2 \tag{8.9}$$

式中　M——比例尺分母。

②平行线法：如图 8.26 所示,在曲线围成的图形上绘出间隔相等的一组平行线,并使两条平行线与曲线图形边缘相切。将这两条平行线间隔等分,得相邻平行线间距为 d。每相邻平行线之间的图形近似为梯形。用比例尺量出各平行线在曲线内的长度为 l_1、l_2、$\cdots$、l_n,则各梯形面积为

$$A_1 = \frac{1}{2}d(0 + l_1)$$

$$A_2 = \frac{1}{2}d(l_1 + l_2)$$

$$A_n = \frac{1}{2}d(l_{n-1} + l_n)$$

$$A_{n+1} = \frac{1}{2}d(l_n + 0)$$

图形总面积为

$$A = A_1 + A_2 + \cdots + A_n + 1 = d(l_1 + l_2 + \cdots + l_n) \tag{8.10}$$

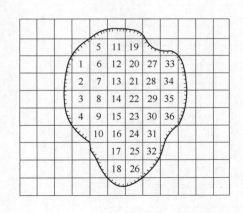

图 8.25 方格纸法求面积

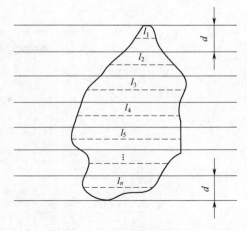

图 8.26 平行线法求面积

8.4.2 地形图的工程应用

1. 按设计线路绘制纵断面图

在道路、管线等工程设计中,为确定线路的坡度和里程,要按设计线路绘制纵断面图。利用地形图可绘制纵断面图。

如图 8.27 所示,ABCD 为一越岭线路,需沿此方向绘纵断面图。首先在图纸下方或方格纸上绘出两垂直的直线,横轴表示距离,纵轴表示高程。然后在地形图上,从 M 点开始,沿线路方向量取两相邻等高线间的平距(图 8.27 中点 2、6 和点 8、12 分别为 B 点、C 点处缓和曲线的起点和终点,在图中也应表示出来),按一定比例尺(可以是地形图比例尺,也可另定一个比例尺)将各点依次绘在横轴上,得 A、1、2、…、15、D 点的位置。再从地形图上求出各点高程,按一定比例尺(一般比距离比例尺大 10 或 20 倍)绘在横轴相应各点向上的垂线上,最后将相邻垂线上的高程点用平滑的曲线(或折线)连接起来,即得路线 ABCD 方向的纵断面图,如图 8.28 所示。

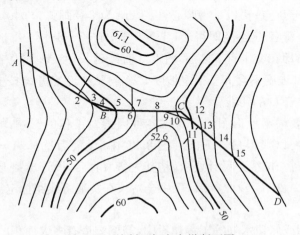

图 8.27 绘制已知方向纵断面图

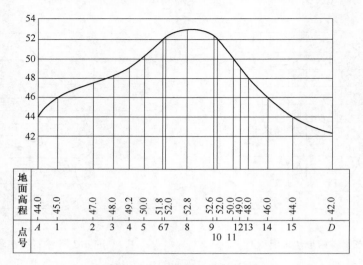

图 8.28　绘制已知方向纵断面图

2. 按限制坡度在地形图上选线

在线路方案设计时,往往要根据地形图选择某一限制坡度的线路,以确定最佳方案。如图 8.29 所示,地形图比例尺为 1:2 000,等高距为 1 m,欲在山下 A 点与山上 D 点之间设计一条公路,指定坡度不大于 5%,要求选择最短线路。先按指定坡度计算,相邻两等高线间在图上的最短距离为

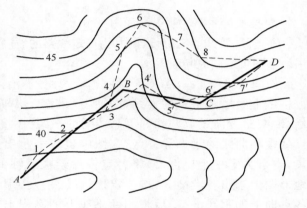

图 8.29　确定限制坡度线路

$$d = \frac{h}{iM} = \frac{1}{0.05 \times 2\ 000} = 0.010 (\text{m})$$

然后以 A 为圆心,以 1 cm 为半径画弧,与 39 m 等高线交于 1 点;再以 1 为圆心,以 1 cm 为半径画弧,与 40 m 等高线交于 2 点;依此作法,到 D 点为止,将各点连接即得 A—1—2—3—4—5—6—7—8—D 限制坡度的最短路线。还有另一条路线;即在交出点 3 之后,将 2、3 直线延长,与 42 m 等高线交于 4′点,3、4′两点距离大于 1 cm,故其坡度不会大于指定坡度 5%,再从 4、7 点开始按上述方法选出 A—1—2—3—4′—5′—6′—7′—D 的路线。

最后线路的确定要根据地形图综合考虑各种因素对工程的影响,如少占耕地、避开滑地带、土石方工程量小等,以获得最佳方案。图 8.29 中,设最后选择 A—1—2—3—4′—5′—6′—7′—D 为设计线路。按线路设计要求,将其去弯取直后,设计出图上线路导线 ABCD。根据地形图求出各导线点 A、B、C、D 坐标后,可用全站仪在实地将线路标定出来。

3. 确定汇水面积

在修筑桥梁、涵洞或修建水坝等工程建设中,需要知道有多大面积的雨水往这个河流或谷地汇集。地面上某区域内雨水注入同一个山谷或河流,并通过某一个断面(如道路的桥涵),这一片区域的面积称为汇水面积。显然汇水面积的分界线为山脊线。

如图 8.30 所示,公路 ab 通过山谷,在 m 处要建一涵洞,为了设计孔径的大小,要确定该处

汇水面积。由图 8.30 看出,流向 ab 断面的汇水面积,即为 ab 断面与该山谷相邻的山脊线的连线所围成的面积(图中虚线部分)。可用格网法、平行线法或电子求积仪测定该面积的大小。

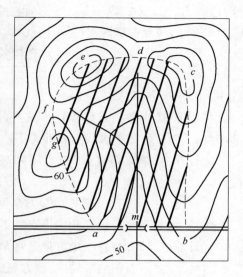

图 8.30　确定汇水面积

4. 平整场地中的土石方估算

土木工程建设中,常要把地面整理成水平面。利用地形图可进行平整场地的土石方估算。

(1)方格网法

对于大面积的土石方估算常用此法。图 8.31 为 1∶1 000 地形图,要求将原有一定起伏的地形平整成一水平场地,步骤如下:

①绘方格网并求格网点高程:在地形图上拟平整场地范围内绘方格网,方格网边长主要取决于地形的复杂程度、地形图比例尺的大小和土石方估算的精度要求,一般为 10 m 或 20 m。然后根据等高线目估内插各格点地面高程,并注记在格点右上方。

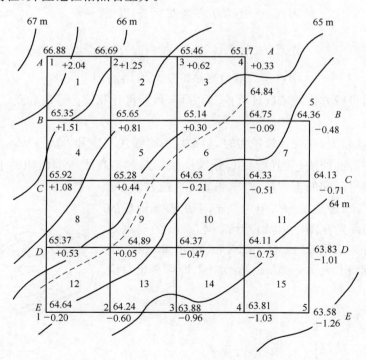

图 8.31　方格网计算土石方

②确定场地平整的设计高程:应根据工程的具体要求确定设计高程。大多数工程要求挖方量和填方量大致平衡,这时设计高程的计算方法是:先将每一方格的 4 个格点高程相加后除以 4,得各方格的平均高程;再将每个方格的平均高程相加后除以方格总数,即得设计高程。从计算设计高程的过程和图 8.31 可以看出,角点 $A1$、$D1$、$D4$、$C6$、$A6$ 的高程只参加一次计

算,边点 $B1$、$C1$、$D2$、$D3$、$C5$、…的高程参加两次计算,拐点 $C4$ 的高程参加三次计算,中点 $B2$、$C2$、$C3$、…的高程参加四次计算,因此,设计高程的计算公式为

$$H = \frac{\sum H_角 + 2\sum H_边 + 3\sum H_拐 + 4\sum H_中}{4n} \tag{8.11}$$

式中　n——方格总数。

将图 8.31 中各格点高程代入式(8.11),求出设计高程为 64.84 m。在地形图中内插出 64.84 m 等高线(图中虚线),此即为不填不挖的边界线,也称为零线。

③计算挖、填方高度:用格点实际高程减去设计高程即得每一格点的挖方或填方的高度,即

$$挖(填)方高度 = 地面高程-设计高程 \tag{8.12}$$

将挖、填方高度注记在相应格点右下方(可改用红色笔注记)。正号为挖方,负号为填方。

④计算挖、填方量:挖、填方量是将角点、边点、拐点、中点的挖、填方高度,分别代表 1/4、2/4、3/4、1 方格面积的平均挖、填方高度,故挖、填方量分别按式(8.13)计算。

$$角点 = 挖(填)方高度 \times \frac{1}{4}方格面积$$

$$边点 = 挖(填)方高度 \times \frac{2}{4}方格面积$$
$$\tag{8.13}$$
$$拐点 = 挖(填)方高度 \times \frac{3}{4}方格面积$$

$$中点 = 挖(填)方高度 \times 方格面积$$

实际计算时,可按方格线依次计算挖、填方量,然后再计算挖方量总和及填方量总和。

(2)等高线法

场地地面起伏较大,且仅计算挖方时,可采用等高线法。这种方法是从场地设计高程的等高线开始,算出各等高线所包围的面积,分别将相邻两条等高线所围面积的平均值乘以等高距,就是此等高线平面间的土方量,再求和即得总挖方量。

如图 8.32 所示,地形图等高距为 2 m,要求整场地后的设计高程为 55 m。先在图中内插设计高程 55 m 的等高线(图中虚线),再分别求出 55 m、56 m、58 m、60 m、62 m 五条等高线所围成的面积 A_{55}、A_{56}、A_{58}、A_{60}、A_{62},即可算出每层土石方量为

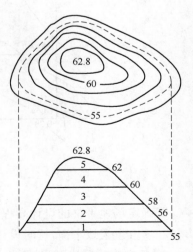

$$V_1 = \frac{1}{2}(A_{55} + A_{56}) \times 1$$

$$V_2 = \frac{1}{2}(A_{56} + A_{58}) \times 2$$

$$\vdots$$

$$V_5 = \frac{1}{3}A_{62} \times 0.8$$

图 8.32　等高线法求土石方

V_5 是 62 m 等高线以上山头顶部的土石方量。总挖方量为

$$\sum V_{\mathrm{w}} = V_1 + V_2 + V_3 + V_4 + V_5$$

（3）断面法

道路和管线建设中，沿中线至两侧一定范围内线状地形的土石方计算常用此法。这种方法是在施工场地范围内，利用地形图以一定间距绘出断面图，分别求出各断面由设计高程线与断面曲线（地面高程线）围成的填方面积和挖方面积，然后计算每相邻断面间的填（挖）方量，分别求和即为总填（挖）方量。

设计高程线如图 8.33 所示，地形图以比例尺为 1∶1 000，矩形范围是欲建道路的一段，其设计高程为 48 m。为求土石方量，先在地形图上绘出相互平行、间隔为 Z（一般实地距离为 20～40 m）的断面方向线 1—1、2—2、…、5—5；按一定比例尺绘出各断面图（纵、横轴比例尺应一致，常用比例尺为 1∶100 或 1∶200），并将高程线展绘在断面图上（图 8.33 中 1—1、2—2 断面）；然后在断面图上分别求出各断面设计高程线与断面图所包围的填土面积 $T_{\mathrm{T}1}$ 和挖土面积 $A_{\mathrm{W}2}$（i 表示段面编号），最后计算两断面间土石方量。

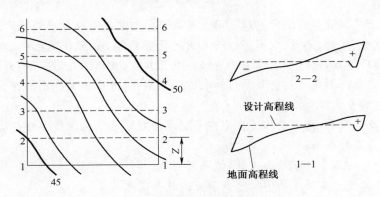

图 8.33　断面法计算土石方

例如，1—1 和 2—2 两断面间的土石方为

填方

$$V_{\mathrm{T}} = \frac{1}{2}(T_{\mathrm{T}1} + T_{\mathrm{T}2})l$$

挖方

$$V_{\mathrm{W}} = \frac{1}{2}(A_{\mathrm{W}1} + A_{\mathrm{W}2})l$$

用同样的方法依次计算出每两相邻断面间的土石方量，最后将填方量和挖方量分别累加，即得总土石方量。

上述 3 种土石方估算方法各有特点，应根据场地地形条件和工程要求选择合适的方法。当实际工程土石方估算精度要求较高时，往往要到现场实测方格网图（方格点高程）、断面图或地形图。此外，上面介绍的 3 种土石方估算方法均未考虑削坡影响，当高差较大时，这部分土石方量是很大的，因此，实际工程中应参照上述方法计算削坡部分的土石方量。

技能训练 14

对给定的面积约 250 m×150 m 范围进行数字测图，测图比例尺为 1∶500。现场通视条件良好，地物齐全，难度适中。每个小组有 1 个控制点和 2 个公共定向点及检查点。

内业编辑成图在机房完成，计算机装有数字测图软件 CASS9.0。

一、训练目的

掌握数字测图过程外业数据采集，并能熟练使用成图软件 CASS 进行地形图绘制及整饰。

二、训练安排

(1)课时数：课内 6 学时，每组 4～5 人。
(2)仪器：全站仪全套、木桩、小铁钉、记录本、测伞等。
(3)场地：校园内区域。

三、训练方法与步骤

1. 训练内容
1:500 数字地形图测量及绘图。
2. 训练步骤
(1)利用各个控制点坐标进行定向并测量地物点。首先要对全站仪进行测站的设置，即首先要输入测站点号、坐标、高程、仪器高。接着进行设置后视，输入后视点号、坐标或坐标方位角、目标高，照准后视点，进行设置。然后选择一个已知点（或已测点）进行检核，输入检核点点号，照准后进行测量。测完之后将显示已知点的观测坐标，与已知坐标比较 x、y、H 的差值，如果不通过检核则不能继续测量。
(2)进行碎步点测量，把测量的碎步点按一定顺序在全站仪里进行存储并绘制草图。
(3)外业测量注意事项：
①检核定向是一项十分重要的工作，切不可忽视。
②草图中要体现出各种地物的属性及测点的连接关系。
③任何依比例的矩形地物，只要测出三个角点的坐标，第四个点的坐标可由程序计算。
④房屋的附属建筑（如台阶、门廊、凉台等）和房屋轮廓线的交点不实际测量，而是按垂线法计算出交点的坐标。
⑤依比例的双线地物，如道路、沟渠和河流等，测定两侧边线特征点的坐标。铁路测定不压线心线上点的坐标。
⑥圆状地物应在圆周上测定均匀分布的三点坐标。较小的也可测定对径方向的两个点的坐标。
⑦圆弧线一般应测定起点、终点和大致中间的一点。
(4)把存储的点从全站仪里导入 CASS 软件，并利用草图在 CASS 里进行连线绘制出地物形状。
(5)重复以上步骤，直到全部地物绘制完成。
(6)把绘制好的地形图进行整理，对照野外看是否绘制错误或遗漏了地物。
(7)如有遗漏就进行补测并绘制到地形图上，如有错误就把错误删除并找出错误原因，重新把删除掉的地物测量并绘制到地形图。
(8)无问题后把绘制的地形图按照正式地图的格式添加图框和说明等。
(9)利用打印机把绘制好的地形图打印出来。

四、训练报告

实训结束后,应提交如下资料:
(1)全站仪导出的数据文件。
(2)绘制的地形图图纸及电子文件。
(3)训练总结。

小结

地形图是制订工程规划、进行设计的重要依据,同时也是施工和管理中不可缺少的基础资料。本章的重点内容是地形图的基本知识,以及大比例尺地形图的测绘方法、全站仪数字化测图、地形图的基本应用、面积量算、地形图在工程建设中的应用等。

复习思考题

1. 什么是地形图?
2. 什么是地图的比例尺? 什么是比例尺精度? 它对测图和设计用图有什么意义?
3. 什么是等高线、等高距、等高线平距? 在同一幅地形图上,等高线平距与地面坡度有什么关系?
4. 等高线有哪几种? 等高线具有哪些特性?

复习测试题

1. 试用规定的符号,将图 8.34 中的山头、鞍部、山脊线和山谷线标示出来(山头△、鞍部〇、山脊线————、山谷线————)。

图 8.34　题 1 图

2. 根据表 8.6 中的碎部测量记录数据，计算出各碎部点的水平距离及高程。

表 8.6　碎部测量手簿

测站:A	后视点:B		仪器高:$i=1.50$ m		指标差:$x=0$	测站高程:$H_a=28.34$ m	
点号	视距 KL(m)	中丝读数 V(m)	竖盘读数 (° ′)	水平角 (° ′)	水平距离 D(m)	高程 H(m)	备　注
1	28.6	1.50	87　42	26　30			望远镜视线水平时,竖盘读数为 90°;向上倾斜时读数减少
2	54.2	1.48	84　54	72　36			
3	42.5	1.55	92　48	102　18			

3. 根据图 8.35 上各碎部点的平面位置和高程，试勾绘等高距为 1 m 的等高线。

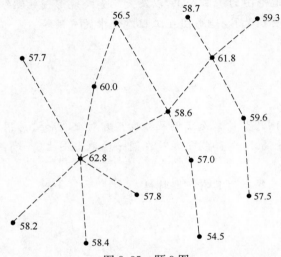

图 8.35　题 3 图

4. 全站仪数字化测图的优点表现在哪些方面？

5. 方格网法将场地平整为设计平面的步骤是什么？

参 考 文 献

[1] 徐忠阳. 全站仪原理与应用[M]. 北京:解放军出版社,2003.

[2] 王金玲. 测量学基础[M]. 2版. 北京:中国电力出版社,2011.

[3] 张延寿. 铁路测量[M]. 2版. 成都:西南交通大学出版社,2008.

[4] 纪勇. 数字测图技术应用教程[M]. 郑州:黄河水利出版社,2008.

[5] 徐绍铨,张华海,杨志强,等. GPS测量原理及应用[M]. 4版. 武汉:武汉大学出版社,2017.

[6] 中华人民共和国建设部. 工程测量规范:GB 50026—2007 [S]. 北京:中国计划出版社,2008.

[7] 朱颖. 客运专线无砟轨道铁路工程测量技术[M]. 北京:中国铁道出版社,2008.

[8] 解宝柱,蒋伟. 工程测量[M]. 成都:西南交通大学出版社,2009.

[9] 中华人民共和国铁道部. 高速铁路工程测量规范:TB 10601—2009[S]. 北京:中国铁道出版社,2009.

[10] 国家铁路局. 铁路工程测量规范:TB 10101—2018[S]. 北京:中国铁道出版社,2018.

[11] 张博. 数字化测图[M]. 北京:测绘出版社,2010.

[12] 杨松林. 测量学[M]. 2版. 北京:中国铁道出版社,2013.

[13] 赵景民. 无砟轨道施工测量与检测技术[M]. 2版. 北京:人民交通出版社,2011.

[14] 王冰. 建筑工程测量员培训教材[M]. 北京:中国建材工业出版社,2011.

[15] 中华人民共和国国家质量监督检验检疫总局,中国国家标准化管理委员会. 全站仪:GB/T 27663—2011[S]. 北京:中国标准出版社,2012.

[16] 夏春玲. 工程测量[M]. 2版. 北京:中国铁道出版社有限公司,2021.

[17] 翁丰惠,邹远胜. 数字化测图技术[M]. 北京:中国水利水电出版社,2020.

[18] 刘宗波. 数字测图技术应用教程[M]. 北京:北京大学出版社,2012.

[19] 王晓平. 工程测量[M]. 北京:人民交通出版社,2013.

[20] 李玉宝,沈学标,吴向阳. 控制测量学[M]. 北京:东南大学出版社,2013.

[21] 曹智翔,邓明镜. 交通土建工程测量 [M]. 北京:西南交通大学出版社,2014.

[22] 尹辉增. 工程测量[M]. 2版. 北京:中国铁道出版社,2014.